Bohner
Ott
Deusch
Rosner

Mathematik
für Berufsfachschulen
Baden-Württemberg
Arbeitsheft

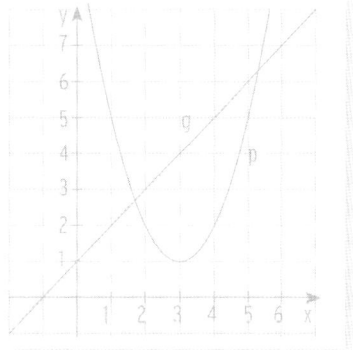

Merkur
Verlag Rinteln

Wirtschaftswissenschaftliche Bücherei für Schule und Praxis
Begründet von Handelsschul-Direktor Dipl.-Hdl. Friedrich Hutkap †

Verfasser:

Kurt Bohner

Lehrauftrag Mathematik am BS Wangen
Studium der Mathematik und Physik an der Universität Konstanz

Roland Ott

Studium der Mathematik an der Universität Tübingen

Ronald Deusch

Lehrauftrag Mathematik am BSZ Bietigheim-Bissingen
Studium der Mathematik an der Universität Tübingen

Stefan Rosner

Lehrauftrag Mathematik an der Kaufmännischen Schule in Schwäbisch Hall
Studium der Mathematik an der Universität Mannheim

Bildnachweis:
Umschlag: kleines Bild rechts oben: Africa Studio - stock.adobe.com
kleines Bild rechts unten: kiwi1902 - Fotolia.com

* * * * * * * *

1. Auflage 2019
© 2019 by Merkur Verlag Rinteln
Gesamtherstellung:
Merkur Verlag Rinteln Hutkap GmbH & Co. KG, 31735 Rinteln
E-Mail: info@merkur-verlag.de
            lehrer-service@merkur-verlag.de
Internet: www.merkur-verlag.de
ISBN 978-3-8120-2119-7

Einleitung

Das **Arbeitsheft** dient zur Aufbereitung, Wiederholung und Festigung des im Schülerbuch behandelten Lernstoffs. Es soll parallel zum Schülerbuch verwendet werden. Die begleitende Unterstützung durch die Lehrkraft ist gewünscht und sehr sinnvoll.

Das Arbeitsheft enthält ergänzende Aufgaben zur Wiederholung (z. B. Bruchrechnen)

und ermöglicht eine Lernkontrolle in Eigenverantwortung.

Das im Vergleich zum Schülerbuch veränderteFormat und die Form der Darstellung wirken motivierend auf Schüler/innen.

Das Arbeitsheft hilft, das Erlernte zu festigen und damit eine gute Grundlage

für die Prüfung zur Fachschulreife zu schaffen.

Die Autoren

. . . . .

Inhaltsverzeichnis

I Termumformungen

1 Terme

Ein **Term** ist ein mathematischer Ausdruck aus Zahlen und Variablen (Platzhalter).

1 Setzen Sie die x-Werte in den Term ein und berechnen Sie den Termwert.

Term\x-Wert	-5	-1	$\frac{3}{4}$	1,5
$5x - 1$	$5 \cdot (-5) - 1 = -26$			
$8 - 1,5x$				
$0,25x + 7$				

2 Ordnen Sie jeder Beschreibung einen Term zu und berechnen Sie den Termwert für x = 4.

A: Zu einer Zahl wird 3 addiert und die Summe mit 3 multipliziert.	1) $25 - 2x - 4x$ ☐	Ergebnis:
B: Von einer Zahl wird 5 subtrahiert und die Differenz verdoppelt.	2) $(5x + 4) \cdot 3$ ☐	Ergebnis:
C: Das 6-fache einer Zahl wird um 12 vermindert.	3) $3(x + 3)$ ☐	Ergebnis:
D: Zum Fünffachen einer Zahl wird 4 addiert und die Summe mit 3 multipliziert.	4) $2(x - 5)$ ☐	Ergebnis:
E: Von 25 wird das Doppelte einer Zahl und das Vierfache einer Zahl subtrahiert.	5) $6x - 12$ ☐	Ergebnis:

3 Finden Sie einen passenden Term.

A: Vom Dreifachen einer Zahl wird 7 subtrahiert und die Differenz wird verdoppelt.

B: Addieren Sie die um 1 vergrößerte Zahl zum Zweifachen der gleichen Zahl.

C: Subtrahieren Sie eine Zahl von 8 und multiplizieren Sie die Differenz mit 5.

D: Das Dreifache einer Zahl vermehrt um 6.

4 Ordnen Sie die unten stehenden Begriffe den Rechenzeichen zu.

+	
−	
·	
:	

Summe, Differenz, vervielfachen, Produkt, addieren, subtrahieren, Quotient, vermindern, vergrößern, multiplizieren, dividieren, vermehren, das x-fache, teilen.

5 Finden Sie einen passenden Term.

A Die monatliche Stromrechnung setzt sich zusammen aus der Grundgebühr (12,00 €) und dem Verbrauch von x kWh. 1 kWh kostet 0,26 € . Die monatliche Stromrechnung für 850 kWh beläuft sich auf 235 €. Prüfen Sie nach.

B Eine Autovermietung bietet einen Transporter für 65 € pro Tag inklusive 100 km und 0,36 € für jeden weiteren km. Franz fährt weniger als 100 km, Max mehr als 100 km. Was zahlen Franz und Max für x km?

C Die Kosten für die Herstellung von Ventilen betragen 120 € fixe Kosten pro Tag und 0,06 € Stückkosten für jedes produzierte Ventil. Wie hoch sind die täglichen Kosten für x Ventile? Übersteigen die Kosten für eine Tagesproduktion von 10 000 Ventilen den Betrag von 750 €?

6 Paket A wiegt x kg, Paket B wiegt y kg.

Wie hängen die Gewichte zusammen, wenn folgendes gilt?

a) x + y = 12	b) x = y + 12	c) y = 2x	d) x − y = 5
A und B wiegen zusammen 12 kg.			

Addition und Subtraktion von Termen

1 Füllen Sie die Tabelle aus und vereinfachen Sie den Ergebnisterm (wenn möglich).

+	x − 7	3 − 3x	2(1 − x)	− y − x
2x	2x + x − 7 = 3x − 7			
x − 3				
− 4x				
x + 7				

2 Füllen Sie die Tabelle aus und vereinfachen Sie den Ergebnisterm (wenn möglich).

−	2x − 4	1 − x	3(2 + 6x)	− 16 + y
20	20 − (2x − 4) = 24 − 2x			
5x				
1 − x				
4x + 1				

3 Lösen Sie die Klammern auf und fassen Sie zusammen.

5x − (2 + x)	= 5x − 2 − x = 4x − 2
3 − (x − y) − 4x	=
5 − (10 − 2x)	=
− (4x − 3) − (4 + 5x)	=
x + 5 − (1 − 4x + y)	=
9 − 4x − (4x − 3)	=
5 − (a − 3) − (3a − 2)	=
4 − (2r + 5s) − (7r + 4s)	=

4 Ergänzen Sie.

$11x - (\quad) = 13x$	$(\quad) = -2x$ Probe: $11x - (-2x) = 11x + 2x = 13x$
$3x - y - (\quad) = x + y$	$(\quad) =$ Probe:
$8 - (\quad) = 10 - 2x$	$(\quad) =$ Probe:
$(\quad) - 2(4x - 3) = 4$	$(\quad) =$ Probe:
$x - 2 + (\quad) = 4x - 10y$	$(\quad) =$ Probe:
$9 - (\quad) - (6x - 3) = 0$	$(\quad) =$ Probe:

5 Welche Terme sind gleichwertig?

(1) $10 - 2x$; **(2)** $4a - (b + 7c)$; **(3)** $2 + (-x + 5)$; **(4)** $3 - x + (-x + 7)$

(5) $14a + 7c$; **(6)** $-(-4a + b + 7c)$; **(7)** $a - (-13a - 7c)$; **(8)** $(-x + 5) - (x - 5)$

Multiplikation von Termen

1 Füllen Sie die Tabelle aus und vereinfachen Sie den Ergebnisterm (wenn möglich).

·	− 2	3a	− 4	− a
2x	$2x \cdot (-2)$ $= -4x$			
x − 3				
− 1,5				

2 Lösen Sie die Klammern auf und fassen Sie zusammen.

$5 \cdot (2 + x) - 6x$	$= 10 + 5x - 6x = 10 - x$
$3 \cdot (5x - y) - 4x$	=
$6(x + 1) + (10 - 2x)$	=
$1 - 2x \cdot (4x - 3) - 4$	=
$5x + 5x \cdot (1 - 4x + y)$	=
$9x - 4x(4x - 3)$	=
$5a \cdot (a - 3) + 6a \cdot (3a - 2)$	=
$2r \cdot (2r + 5s) - 3s \cdot (7r + 4s)$	=

3 Klammern Sie aus.

$16x - 8y + 8$	$= 8 \cdot 2x - 8 \cdot y + 8 \cdot 1 = 8 \cdot (2x - y + 1)$
$12x - 4y$	=
$9x - 36$	=
$(18 - 10x) - 8x$	=
$5 \cdot (x - 1) - 15$	=
$6(x + 8) - 3(x+8)$	=

2 Bohner u.a. ISBN 978-3-8120-2119-7

4 Ergänzen Sie.

$3 \cdot (\quad) = 3 - 9x$	$(\quad) = 1 - 3x$ Probe: $3 \cdot (1 - 3x) = 3 - 9x$
$3x \cdot (\quad) = 12x^2 + 9x$	$(\quad) =$
$(\quad) \cdot 2 = 10 - 2x$	$(\quad) =$
$(\quad) - 2(\quad) = 4x - 3$	$(\quad) =$
$x - (x - 2y) \cdot (\ ) = 6x - 10y$	$(\quad) =$
$9 \cdot (\quad) - 27x + 18 = 0$	$(\quad) =$

5 Lösen Sie die Klammern auf und fassen Sie zusammen.

$(5 - x) \cdot (2 + x)$	$= 10 + 5x - 2x - x^2 = 10 + 3x - x^2$
$(3 - x) \cdot (5x - y) - 4x$	$=$
$(x + 1) \cdot (10 - 2x)$	$=$
$(1 - 2x) \cdot (4x - 3) - 4$	$=$
$(5 + x) \cdot (1 - 4x + y)$	$=$
$(9 - 4x)(4x - 3)$	$=$
$(5a + 6) \cdot (3a - 2)$	$=$
$2 \cdot (2r + 5s) - 3r \cdot (2r + 3s)$	$=$

6 Lösen Sie die Klammern mithilfe einer binomischen Formel auf.

$(x + 5) \cdot (x + 5)$	$= x^2 + 2 \cdot 5x + 5^2 = x^2 + 10x + 25$
$(5x - 1)^2$	$=$
$(2x + 1) \cdot (1 - 2x)$	$=$
$(4x - 3)^2$	$=$
$(1 - 4x)(1 - 4x)$	$=$
$-(9 - x)(9 + x)$	$=$

7 Ersetzen Sie die Symbole durch Terme.

$(\Diamond + \square)^2 = x^2 + 4x + \bigcirc$	$(\Diamond - \square)^2 = \triangle - 4x + 1$
$(\Diamond - \square)^2 = x^2 - 12x + \triangle$	$(2 - x) \cdot (\Diamond + x) = \triangle - \bigcirc$
$(\Diamond + \square)^2 = \triangle + 8x + 16$	$(\Diamond + \square) \cdot (\Diamond - \square) = 4x^2 - 25$

8 Zerlegen Sie in Faktoren.

$16 - y^2$	$= (4 - y)(4 + y)$	3. binomische Formel
$x^2 - 4x + 4$	=	
$x^2 - 6x + 9$	=	
$18x - 10x^2$	=	
$x^2 + 12x + 36$	=	
$3x^2 - 18x$	=	
$0,8x - 1,6$	=	
$8x^2 + 32x + 32$	=	
$x^2 + 14x + 49$	=	
$x^2 - 36$	=	
$9x^2 - 1$	=	

9 Welche Terme sind gleichwertig?

(1) $2 \cdot (\frac{1}{2}x^2 - 7x + 24,5)$ (2) $-12a(1,5 - a)$ (3) $(x - 7)^2$ (4) $a(a + 2c)$

(5) $(-x + 7)^2$ (6) $-2(-6a^2 + 9a)$ (7) $(a + c)^2 - c^2$ (8) $12a^2 - 18a$

Terme mit Brüchen - Bruchrechnen

Zwei gleichnamige Brüche werden **addiert**, indem man die Zähler addiert und den Nenner beibehält. Zwei Brüche werden **multipliziert**, indem man Zähler mit Zähler und Nenner mit Nenner multipliziert.

1 Berechnen Sie im Kopf.

$1 - \frac{2}{7}$	$= \frac{7}{7} - \frac{2}{7} = \frac{5}{7}$	$\frac{5}{3} \cdot 4$	$= \frac{5}{3} \cdot \frac{4}{1} = \frac{20}{3}$
$-\frac{2}{5} + \frac{6}{5}$	$=$	$\frac{1}{9} \cdot 7 - 2$	$=$
$-\frac{24}{5} - 9$	$=$	$\frac{2}{5} \cdot \frac{5}{7}$	$=$
$\frac{2}{9} - 1 + \frac{5}{9}$	$=$	$(\frac{12}{7} - 1) \cdot 2$	$=$
$\frac{5+3}{12} - 1$	$=$	$\frac{12-7}{8} \cdot 4 - 1$	$=$

2 Erweitern Sie auf den gegebenen Nenner.

Nenner:				
40	$\frac{1}{8} = \frac{1}{8} \cdot \frac{5}{5} = \frac{5}{40}$	$\frac{2}{5} =$	$1,3 =$	$\frac{7}{4} =$
16	$\frac{5}{8} =$	$0,5 =$	$\frac{11}{4} =$	$\frac{3}{12} =$
21	$\frac{1}{3} =$	$\frac{6}{7} =$	$2 =$	$\frac{10}{14} =$
60	$\frac{1}{12} =$	$\frac{7}{15} =$	$1,2 =$	$\frac{9}{4} =$

3 Wandeln Sie um in eine Bruchzahl oder eine gemischte Zahl.

$\frac{9}{8} = \frac{8}{8} + \frac{1}{8} = 1\frac{1}{8}$	$\frac{32}{5} =$	$\frac{13}{7} =$	$\frac{17}{4} =$
$3\frac{3}{4} = \frac{12}{4} + \frac{3}{4} = \frac{15}{4}$	$9,5 =$	$\frac{11}{4} =$	$4\frac{3}{11} =$
$5\frac{1}{3} =$	$8\frac{6}{7} =$	$2,8 =$	$2\frac{11}{14} =$
$\frac{71}{12} =$	$\frac{37}{15} =$	$1\frac{2}{35} =$	$\frac{9}{4} =$

4 Finden Sie den Hauptnenner (HN).

$\frac{1}{5}, \frac{3}{10}, \frac{9}{20}, \frac{7}{40}$	HN =
$\frac{4}{3}, \frac{3}{5}, \frac{9}{2}$	HN =
$\frac{3}{2}, \frac{3}{8}, \frac{19}{4}, \frac{7}{16}$	HN =
$\frac{3}{4}, \frac{2}{3}, \frac{1}{8}$	HN =

5 Kürzen Sie vollständig.

$\frac{24}{40} = \frac{24:4}{40:4} = \frac{6}{10} = \frac{3}{5}$	$\frac{27}{81} =$	$\frac{15}{105} =$
$\frac{64}{96} =$	$\frac{42}{30} =$	$1\frac{45}{75} =$

6 Schreiben Sie als Bruchzahl und kürzen Sie vollständig.

$0,8 = \frac{8}{10} = \frac{4}{5}$	$2,9 =$	$0,625 =$
$0,68 =$	$0,75 =$	$1,45 =$
$0,33 =$	$1\frac{6}{8} =$	$0,15 =$

7 Wandeln Sie in einen Dezimalbruch um. Runden Sie gegebenenfalls auf zwei Stellen nach dem Komma.

$\frac{3}{20} = \frac{15}{100} = 0,15$	$\frac{29}{4} =$	$\frac{3}{8} =$
$\frac{1}{3} =$	$\frac{1}{30} =$	$1\frac{7}{40} =$

8 Ordnen Sie der Größe nach. Beginnen Sie mit der kleinsten Zahl.

$\frac{3}{2}; \frac{7}{4}; 0,1; \frac{7}{8}:$	$\frac{5}{8}; \frac{5}{9}; 0,5; \frac{5}{12}:$
$\frac{1}{2}; \frac{3}{5}; \frac{7}{3}; 1,5:$	$\frac{1}{3}; \frac{1}{15}; \frac{1}{6}; 0,1:$

9 Bestimmen Sie den Hauptnenner und berechnen Sie.

$\frac{3}{2} + \frac{7}{4} = \frac{6}{4} + \frac{7}{4} = \frac{13}{4}$	$\frac{5}{8} + \frac{5}{9} =$	$\frac{7}{6} - \frac{3}{4} =$
$\frac{1}{2} + \frac{3}{5} =$	$\frac{1}{3} - \frac{1}{15} =$	$\frac{7}{15} + \frac{3}{7} =$
$\frac{1}{200} + \frac{2}{500} =$	$\frac{1}{4} - \frac{11}{12} =$	$\frac{5}{6} + \frac{2}{9} =$

10 Ergänzen Sie.

$0,18 + \boxed{} = \frac{4}{5}$	$0,18 + \boxed{0,62} = \frac{4}{5} = 0,8$	$-\frac{2}{5} + \boxed{} = 1\frac{3}{8}$
$\frac{7}{4} : \boxed{} = \frac{7}{8}$	$\boxed{} \cdot (-25) = 120$	$\frac{9}{2} \cdot \boxed{} = 6$

11 Bestimmen Sie den Bruchteil.

$\frac{1}{3}$ von $\frac{3}{4} = \frac{1}{3} \cdot \frac{3}{4} = \frac{1}{4}$	$\frac{2}{9}$ von 36 m=	$\frac{1}{5}$ von $\frac{1}{2} =$
$\frac{3}{4}$ von 120 m =	$\frac{3}{20}$ von 400 kg =	$\frac{5}{6}$ von 24 h =

12 Füllen Sie die Zahlenmauer aus.

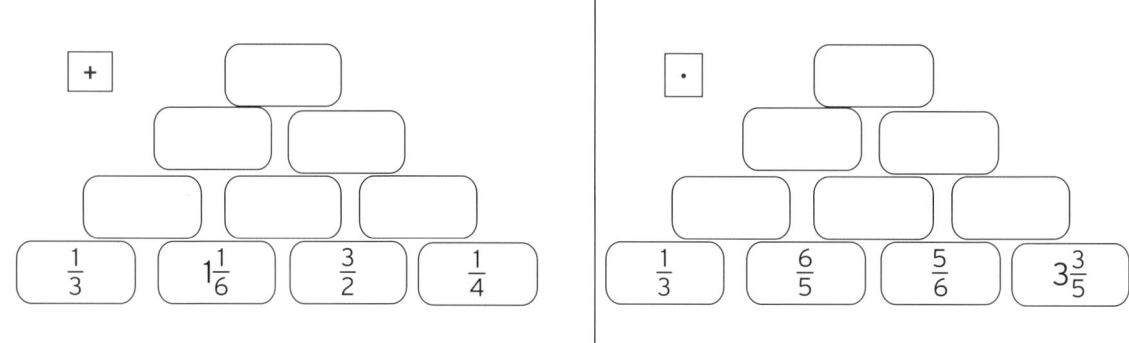

13 Berechnen Sie die Bruchteile.

Wie viel cm sind $\frac{3}{4}$ m?	$\frac{3}{4}$ m = $\frac{3}{4}$ · 100 cm = 75 cm
Wie viel g sind $\frac{2}{3}$ von 96 g?	
Wie viel Liter sind $\frac{6}{7}$ von 91 Liter?	
Wie viel s sind $\frac{4}{5}$ min?	
Von einem Stab der Länge 1,20 m stecken $\frac{1}{6}$ im Boden. Wie viel cm sind zu sehen?	

14 Welcher Bruchteil ist markiert?

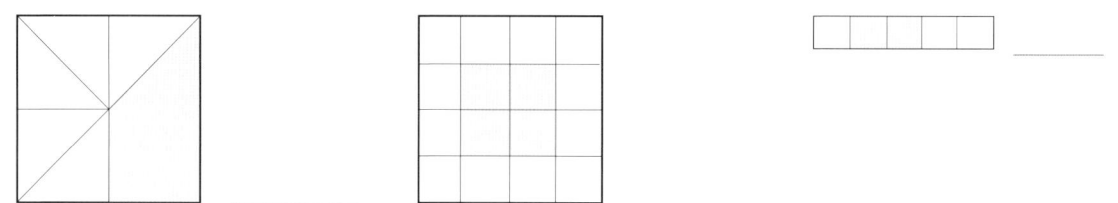

15 Schreiben Sie mit einem Bruch.

$\frac{1}{2} + \frac{1}{3} - \frac{1}{5}$	= $\frac{15}{30} + \frac{10}{30} - \frac{6}{30} = \frac{19}{30}$	$\frac{4}{5} + \frac{4}{6}$ =
$7 \cdot \frac{1}{7}$	=	$3 \cdot \frac{1}{5} + 4 \cdot \frac{3}{5}$ =
$\frac{3}{5} \cdot \frac{2}{7}$	=	$\frac{7}{4} + \frac{7}{5} \cdot \frac{5}{3}$ =
$\frac{7}{2} - \frac{1}{2} \cdot \frac{3}{5}$	=	$3 \cdot \frac{7}{10} - 4 \cdot \frac{3}{5}$ =
$-\frac{3}{8} + \frac{1}{3} + \frac{3}{4}$	=	$\frac{1}{12} \cdot 4 + \frac{5}{2}$ =

Terme mit Brüchen und Variablen

1 Setzen Sie die angegebenen Werte ein und fassen Sie zusammen.

$3x + \frac{5}{6}$; $(x = \frac{2}{3})$	$3 \cdot (\frac{2}{3}) + \frac{5}{6} = 2 + \frac{5}{6} = \frac{12}{6} + \frac{5}{6} = \frac{17}{6}$
$-2x + 1$; $(x = \frac{5}{3})$	
$\frac{3}{2}x - 3{,}5$; $(x = -\frac{1}{2})$	
$-5x - \frac{5}{2}$; $(x = -\frac{1}{4})$	

2 Vereinfachen Sie.

$\frac{1}{5}x + \frac{3}{5}x$	$= (\frac{1}{5} + \frac{3}{5})x = \frac{4}{5}x$	$5 \cdot \frac{4}{5}x \qquad =$
$\frac{3}{7}x - \frac{5}{7}x$	$=$	$3 \cdot \frac{7}{4}x + 5 \cdot \frac{3}{4}x =$

3 Multiplizieren Sie aus und fassen Sie zusammen.

$4(\frac{1}{5}x + \frac{2}{3}x)$	$= \frac{4}{5}x + \frac{8}{3}x = \frac{4 \cdot 3}{15}x + \frac{8 \cdot 5}{15}x = \frac{52}{15}x$
$(\frac{3}{5}x - 2) \cdot 4x + x$	$=$
$(x + 1) \cdot \frac{10}{3} - \frac{1}{3}x$	$=$
$(1 - \frac{2}{5}x) \cdot (\frac{1}{2}x - 3)$	$=$
$\frac{1}{5}x \cdot (1 - \frac{4}{3}x + \frac{5}{4}y)$	$=$
$(\frac{1}{2} - 4x)^2$	$=$
$(\frac{5}{8}a + 6) \cdot (\frac{3}{2}a - 2)$	$=$
$\frac{2}{5} \cdot (2r - s) - \frac{3}{4} \cdot (2r - s)$	$=$

4 Füllen Sie die Tabelle aus und vereinfachen Sie den Ergebnisterm (wenn möglich).

$\cdot$	$-\frac{2}{3}$	$\frac{3}{4}a$	$-\frac{4}{5}$	$-\frac{a}{6}$
$\frac{1}{4}x$	$\frac{1}{4}x \cdot (-\frac{2}{3}) = -\frac{1}{6}x$			
$-\frac{3}{7}x$				
$-\frac{3}{2}$				

2 Potenzrechnung

Eine **Potenz** besteht aus einer **Basis** (Grundzahl) a und einem **Exponent** (Hochzahl):

$$a^n = a \cdot a \cdot \ldots \cdot a \quad \text{mit n Faktoren a}$$

Für eine Potenz, z. B. 3^4 gibt es die Faktorschreibweise $3 \cdot 3 \cdot 3 \cdot 3$ und den Potenzwert 81.

1 Vervollständigen Sie die Tabelle der Quadratzahlen ohne Hilfsmittel.

Faktoren	Potenz	Potenzwert
$8 \cdot 8$	8^2	64
	4^2	
$\frac{1}{7} \cdot \frac{1}{7}$		
	$0,25^2$	
		144
	$(-6)^2$	

Faktoren	Potenz	Potenzwert
$-1 \cdot (-1)$		
	$(-\frac{5}{3})^2$	
$(-25) \cdot (-25)$		
	$0,2^2$	
		25
$(-\frac{2}{5}) \cdot (-\frac{2}{5})$		

2 Füllen Sie die Tabelle aus ohne Verwendung eines Hilfsmittels.

Faktoren	Potenz	Potenzwert
$3 \cdot 3 \cdot 3 \cdot 3$	3^4	81
	4^3	
$\frac{1}{2} \cdot \frac{1}{2} \cdot \frac{1}{2}$		
	$0,3^4$	
$1,5 \cdot 1,5$		
		121

Faktoren	Potenz	Potenzwert
$1 \cdot 1 \cdot 1 \cdot 1 \cdot 1 \cdot 1$		
	$(\frac{2}{5})^2$	
$(-5) \cdot (-5) \cdot (-5)$		
	$(-4)^4$	
		-27
$(-\frac{2}{7}) \cdot (-\frac{2}{7})$		

3 Bestimmen Sie das fehlende Vorzeichen.

$\boxed{} 2^5 = -32$ $\quad -3^4 = \boxed{} 81$ $\quad \boxed{} (-1)^{13} = 1$ $\quad (-1)^3 \cdot (-3)^3 = \boxed{} 27$

$(-2)^5 = \boxed{} 32$ $\quad (-4)^3 = \boxed{} 64$ $\quad -(-1)^6 = \boxed{} 1$ $\quad (-1)^2 \cdot (\boxed{} 3)^3 = -27$

$(-2)^4 = \boxed{} 16$ $\quad \boxed{} (-4)^3 = 64$ $\quad -1^{10} = \boxed{} 1$ $\quad (-1)^3 \cdot (\boxed{} 3^3) = 27$

Potenzgesetze:

Zwei **Potenzen** mit gleicher Basis werden multipliziert (dividiert), indem man die Exponenenten addiert (subtrahiert) und die Basis beibehält.

$$a^m \cdot a^n = a^{m+n}$$

$$a^m : a^n = \frac{a^m}{a^n} = a^{m-n}$$

1 Vereinfachen Sie. Lösen Sie ohne Hilfsmittel.

$2^4 \cdot 2^5$	$= 2^4 \cdot 2^5 = 2^{4+5} = 2^9$	$(-4)^3 \cdot (-4)^5$	=
$0{,}7^4 \cdot 0{,}7^7$	=	$(-3)^2 \cdot (-3)^3$	=
$2^7 \cdot 2^5 \cdot 2^4$	=	$(-5) \cdot (-5)^2 \cdot (-5)^3$	=
$6^4 \cdot 6$	=	$\left(\frac{1}{3}\right)^2 \cdot \left(\frac{1}{3}\right)^3$	=

$9^3 : 9^2$	$= 9^{3-2} = 9^1 = 9$	$4^5 : 4^2$	=
$(-1)^6$	=	$7^3 : 7^3$	=
$\frac{9^4}{9^2} + 12^0$	=	$2^7 : 2^0$	=
$-1^{10} \cdot 3^3$	=	$(-9)^{12} : 9^{10}$	=

$\frac{9^3 \cdot 9}{9^2}$	$= \frac{9^{3+1}}{9^2} = \frac{9^4}{9^2} = 9^2 = 81$	$\frac{4^5 \cdot 4^6}{4^3}$	=
$\frac{2(-5)^6}{5^5}$	=	$\frac{7^4 + 7^5}{7^3}$	=
$\frac{2 \cdot 2^7 + 2^2}{2^2}$	=	$3 \cdot 10^3 \cdot (-1)^3$	=
$-3^8 \cdot 3^3 : 3^7$	=	$\frac{2^{12} \cdot 4}{2^{10}}$	=

3 Bohner u.a. ISBN 978-3-8120-2119-7

2 Welches Vorzeichen hat $(-5)^n$, wenn n gerade ist? _____

3 Setzen Sie $>$, $<$ oder $=$ ein. Lösen Sie möglichst ohne Hilfsmittel.

$2^4 + 2^4$ $\boxed{<}$ $2^4 \cdot 2^4$ Überlegung: $16 + 16 = 2 \cdot 16 < 16 \cdot 16$

$-7 \cdot (-7)^3$ $\boxed{\phantom{<}}$ -7^5 Überlegung:

$(-4)^5 : (-4)^4$ $\boxed{\phantom{<}}$ $(-4)^0$ Überlegung:

$-1{,}7^2$ $\boxed{\phantom{<}}$ $1{,}7^2$ Überlegung:

$6^4 : 6^2$ $\boxed{\phantom{<}}$ $6 \cdot 6$ Überlegung:

4 Finden Sie den Fehler und korrigieren Sie die Rechnung.

	Fehler:	Korrektur: $3^4 \cdot 3^2$
$3^4 \cdot 3^2$ $= 3^{4 \cdot 2}$ $= 3^8$	$3^4 \cdot 3^2 \neq 3^{4 \cdot 2}$ Hochzahlen werden addiert.	$= 3^{4+2}$ $= 3^6$
$3^4 : 3$ $= 3^{4-0}$ $= 3^4$		
$(-2)^4 \cdot 2^3$ $= -2^{4 \cdot 3}$ $= 2^{12}$		
$2 \cdot 6^4 + 3 \cdot 6^4$ $= 5 \cdot 6^{4+4}$ $= 5 \cdot 6^8$		

Potenzgesetze:

Zwei **Potenzen** mit gleichem Exponenten werden multipliziert (dividiert), indem man die Basen multipliziert (dividiert) und den Exponent beibehält.

$$a^n \cdot b^n = (a \cdot b)^n \qquad\qquad a^n : b^n = \frac{a^n}{b^n} = \left(\frac{a}{b}\right)^n$$

Eine Potenz wird **potenziert**, indem man die Exponenten multipliziert und die Basis beibehält: $\quad (a^n)^m = a^{n \cdot m}$

1 Vereinfachen Sie soweit wie möglich.

$2^4 \cdot 5^4$	$= (2 \cdot 5)^4 = 10^4$	$2^7 \cdot 4^7$	$=$
$2^4 \cdot 0{,}5^4$	$=$	$(-4)^5 \cdot (-2)^5$	$=$
$6^3 \cdot 2^3$	$=$	$\left(\frac{1}{3}\right)^7 \cdot 3^7$	$=$

$9^3 : 3^3$	$= \frac{9^3}{3^3} = \left(\frac{9}{3}\right)^3 = 3^3$	$10^6 : 5^6$	$=$
$(-4)^6 : 2^6$	$=$	$(-12)^2 : (-3)^3$	$=$
$1^{10} : 2^{10}$	$=$	$\left(\frac{1}{2}\right)^5 : \left(\frac{1}{4}\right)^5$	$=$

2 Vereinfachen Sie (ohne Hilfsmittel).

$(9^3)^2$	$= 9^{3 \cdot 2} = 9^6$	$5 \cdot (5^3)^3$	$=$
$\left((-4)^3\right)^2$	$=$	$\left((-2)^3\right)^3$	$=$
$\left(\left(\frac{1}{2}\right)^2\right)^4$	$=$	$\left(\left(\frac{3}{2}\right)^2\right)^2$	$=$

$(8^3)^2 \cdot 8^3$	$= 8^{3 \cdot 2} \cdot 8^3$ $= 8^6 \cdot 8^3 = 8^9$	$\dfrac{5^4 \cdot (5^3)^3}{5^2}$	$=$
$\dfrac{4^9}{\left((-4)^2\right)^4}$	$=$	$(2^5 \cdot (-2)^3)^3$	$=$
$\dfrac{(2^3)^5}{2^4}$	$=$	$\dfrac{2^7 \cdot 2}{(2^2)^3}$	$=$
$\left(2 \cdot \left(\frac{1}{2}\right)^2\right)^4$	$=$	$\left(\left(\frac{3}{2}\right)^2 \cdot 2^2\right)^3$	$=$

3 Vereinfachen Sie soweit wie möglich.

$a^4 \cdot b^4$	=	$(-2)^5 \cdot a^5$	=
$x^3 : x^3$	=	$(-d)^5 \cdot (-d)^3$	=
$x^3 \cdot x^2 \cdot x^5$	=	$(\frac{d}{2})^5 \cdot (-2d)^3$	=
$(2y^7 : y^5) : y^2$	=	$(\frac{a}{3})^3 \cdot a^3$	=

4 Schreiben Sie ohne Klammer.

$(2a^4 \cdot b)^4$	$= 2^4 \cdot a^{4 \cdot 4} \cdot b^4 = 2^4 \cdot a^{16} \cdot b^4$	$(-2ab)^3$	=
$(x^3)^3 \cdot x^3$	=	$(-1{,}2 \cdot x^2)^2$	=
$(y^2 : 3)^2 \cdot \frac{y^2}{3}$	=	$(\frac{1}{3}g)^4$	=
$\left(\frac{0{,}5^2}{4} \cdot \frac{1}{2}\right)^2$	=	$\left(\frac{2^5}{4^3}\right)^3$	=

5 Schreiben Sie als Potenz.

25	$= 5^2$	$\frac{1}{8}$	$= (\frac{1}{2})^3$	49	=	27	=
81	=	16	=	144	=	$\frac{1}{27}$	=
$\frac{1}{9}$	=	$\frac{16}{49}$	=	$\frac{4}{25}$	=	$\frac{1}{81}$	=

6 Verwenden Sie die kleinstmögliche Basis.

4^5	$= (2^2)^5 = 2^{10}$	8^9	=
25^3	=	125^2	=
9^5	=	27^3	=

7 Vereinfachen Sie und berechnen Sie den Wert des Terms ohne Hilfsmittel.

$\dfrac{5^4 \cdot 5^4}{5^7}$	$= \dfrac{5^{4+4}}{5^7} = \dfrac{5^8}{5^7} = 5^1 = 5$	$\left(-\dfrac{1}{2}\right)^4 \quad =$
$\dfrac{7^3 \cdot 7^4}{7^5}$	$=$	$\left(-\dfrac{2}{3}\right)^3 \quad =$
$2^3 \cdot (-2)^2 \cdot 2^4 \quad =$		$\left(\dfrac{2}{5} - 1\right)^2 \quad =$
$\left(4^7 \cdot 2^7\right) : 8^5 \quad =$		$\left(\dfrac{1}{2}\right)^7 \cdot 2^8 \quad =$

8 Wahr oder falsch? Begründen Sie.

a) Zehnerpotenzen sind Potenzen mit der Basis 10.

Begründung: ☐ w ☐ f

b) Der Potenzwert 3^{-2} hat ein anderes Vorzeichen als der Potenzwert 3^2.

Begründung: ☐ w ☐ f

c) $(-5)^2 = -5^2$, da der Exponent gerade ist.

Begründung: ☐ w ☐ f

d) Potenziert man eine negative Zahl mit einem ungeraden Exponenten, so ist das Ergebnis stets negativ.

Begründung: ☐ w ☐ f

e) Werden zwei Potenzen mit gleicher Basis multipliziert, so werden die Exponenten multipliziert.

Begründung: ☐ w ☐ f

f) Es gibt Potenzen, bei denen man Exponent und Basis vertauschen darf.

Begründung: ☐ w ☐ f

g) $2^{-1} = -2$ Begründung: ☐ w ☐ f

h) $2^{-3} = -8$ Begründung: ☐ w ☐ f

9 Multiplizieren Sie die Terme der benachbarten Steine und schreiben Sie das Ergebnis in Potenzschreibweise in den Stein darüber.

a)

Steine: $-2x$ | | ; $-2x$ | $2x$ | $-0,5$ | $3x$

b)

Steine: $2x^2$ | | ; x | | $-0,5x$ | $3x$

c)

Steine: $3x$ | $-4x^2$ | $-0,5$ | $0,5x^2$

d)

Steine: 2 | 10^3 | -10 | 10^2

10 Schreiben Sie mit positiver Hochzahl und berechnen Sie.

2^{-4}	$= \frac{1}{2^4} = \frac{1}{16}$	$(-5)^{-2}$ =
$2^4 \cdot 4^{-2}$ =		$(-1)^5 \cdot (-2)^{-5}$ =
$\left(\frac{6}{5}\right)^{-1}$ =		$\left(\frac{1}{3}\right)^2 \cdot 3^{-2}$ =

11 Formen Sie in die angegebenen Einheiten um.

1,6 mg	g: $0,0016g = 1,6 \cdot 10^{-3}$ g	kg: $1,6 mg = 1,6 \cdot 10^{-6}$ kg
4,5 ml	l:	μl:
24 kg	t:	mg:
3,5 cm	m:	mm:
12 μm	m:	km:

Zehnerpotenzen

1 Schreiben Sie als Zehnerpotenz.

$10000 = 10^4$	$1\,000\,000 =$	$100 =$	$100000 =$
$0,1 \quad = 10^{-1}$	$0,0001 \quad =$	$0,01 =$	$0,00001 =$

2 Schreiben Sie als Zehnerpotenz in der Form $a \cdot 10^n$ mit $1 \leq a \leq 10$.

$25\,000 \;=\; 25 \cdot 1000 = 25 \cdot 10^3 = 2,5 \cdot 10^4 \quad (a = 2,5)$	
$0,0026 \quad =$	$4\,250\,000 \;=$
$63\,000 \quad =$	$0,000095 \quad =$

3 Schreiben Sie ohne Zehnerpotenz.

$2,3 \cdot 10^5 \;= 2,3 \cdot 100\,000 = 230\,000$	
$0,7 \cdot 10^4 \;=$	$-4 \cdot 10^{-3} \quad =$
$1,6 \cdot 10^3 \;=$	$-9,2 \cdot 10^{-5} \;=$

4 Schreiben Sie als Zehnerpotenz.

Vierhundertsechsundvierzigtausend: $446000 = 4,46 \cdot 10^5$
Achthundertzwölftausend:
Vier Milliarden einhundertzwanzig Millionen:
Ein Fünftausendstel:
Zwei Billionen zweihundertvierzig Millionen:

5 Welche Zahl zeigt das Display?

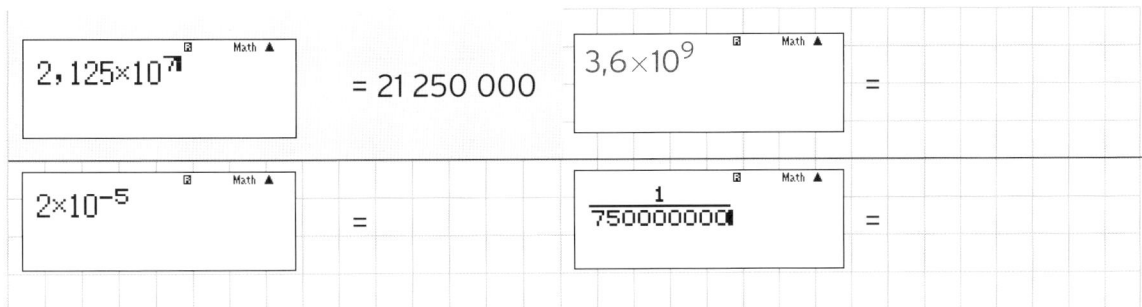

II Gleichungen

1 Lineare Gleichungen

Eine Gleichung, bei der die Unbekannte (Lösungsvariable) nur als erste Potenz (x^1) vorkommt, heißt **lineare Gleichung.**

In der Regel ist die Grundmenge $G = \mathbb{R}$.

Die Menge aller Lösungen heißt Lösungsmenge L.

1 Berechnen Sie x, geben Sie die Lösungsmenge an und machen Sie die Probe.

$5x - 3 = 7$	$3x - 5 = 17$	$-4x + 10 = x$	$2x - 9 = 0$
$5x - 3 = 7 \quad \vert + 3$			
$5x \quad\quad = 10 \quad \vert : 5$			
$x \quad\quad = 2$			
Lösungsmenge: $L = \{2\}$ Probe: $5 \cdot 2 - 3 = 7$ $7 = 7$ wahr			

2 Lösen Sie die Gleichung.

$\frac{3}{2}x - 3 = 1{,}5$	$2 - \frac{2}{3}x = 1$	$-2x - 13 = x + 2$	$3(4 - 2x) = 0$
$\frac{3}{2}x - 3 = 1{,}5 \quad \vert + 3$			
$\frac{3}{2}x \quad\quad = 4{,}5 \quad \vert \cdot 2$			
$3x \quad\quad = 9 \quad\quad \vert : 3$			
$x \quad\quad = \frac{9}{3}$			
$x \quad\quad = 3$			

3   Geben Sie die Lösungsmenge an.

$\frac{2}{3}x - \frac{2}{5} = \frac{2}{3}$	$\frac{4}{7} - \frac{2}{5}x = 0$	$3 - \frac{2}{3}x = x$	$-2(x - 4) = x - 3$
$\frac{2}{3}x - \frac{2}{5} = \frac{2}{3}$ $\quad \vert \cdot 15$			
$10x - 6 = 10$			
$10x = 16$			
$x = \frac{16}{10}$			
$x = \frac{8}{5}$			
Lösungsmenge:			
$L = \{ \frac{8}{5} \}$			

4   Für welche Zahl steht x? Stellen Sie dazu eine Gleichung auf und lösen Sie diese.

Gleichung:		
Lösung:		

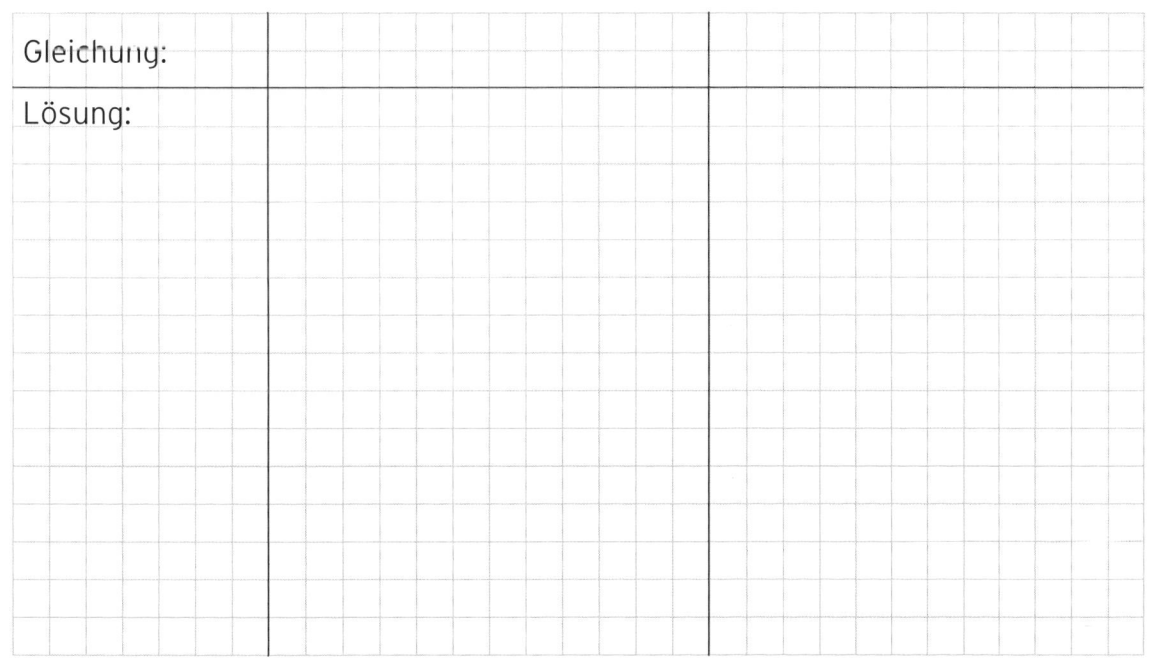

25

4 Merkur-Nr. 2119

· · · · ·

5 Bestimmen Sie die Lösung.

$\frac{3}{2}(x-1)=\frac{1}{4}$	$4(1+4x)=x$	$3(2x-5)=1-x$
$\frac{3}{2}(x-1)=\frac{1}{4}$ $\mid \cdot 4$		
$6(x-1)=1$		
$6x-6=1$		
$6x=7$		
$x=\frac{7}{6}$		

$5(2-\frac{2}{3}x)=1$	$-2(x-\frac{10}{7})=0$	$\frac{4}{7}-\frac{2}{5}x=\frac{2}{5}(x+1)$

6 Bestimmen Sie die Lösungsmenge L der Gleichung.

a) $5(3x-2)-2(7x-1)=16$

b) $\frac{1}{2}(5x-12)-\frac{2}{3}(6x-18)=\frac{5}{6}(6-3x)$

7 Finden Sie die Fehler und berichtigen Sie die Fehler.

$$2x + 1 = 5 \quad | - 1$$

$$2x = 5 \quad | : 2$$

$$x = 2,5$$

Probe: $2 \cdot 2,5 = 5$

wahre Aussage

$$3(x - 2) = 4$$

$$3x - 2 = 4 \quad | + 2$$

$$3x = 6 \quad | : 3$$

$$x = 2$$

Probe: $3 \cdot 2 - 2 = 4$

wahre Aussage

$$- 8x + 4 = 0 \quad | - 4$$

$$8x = - 4 \quad | : 8$$

$$x = 0,5$$

Probe: $- 8 \cdot 0,5 + 4 = 0$

wahre Aussage

8 Stellen Sie eine Gleichung auf und lösen Sie diese.

A: Für welche Zahl x ist das Doppelte der Summe (2x + 4) gleich 30?

B: Maximilian kauft Öl zu 65 Cent pro Liter. Zusammen mit einer Gefahrgutzulage von 10 € zahlt er 2324 €. Wie viel Liter hat er getankt?

C: Eine Taxifahrt kostet eine Grundgebühr von 3 €, jede Minute Fahrtzeit 0,75 €. Frauke zahlt 21,75 €. Wie lange dauert die Fahrt?

9 Stellen Sie die Formel nach jeder Variablen um.

$A = \frac{1}{2}(a + c) \cdot h$ h: a: c:

10 Lösen Sie die Gleichung und machen Sie die Probe.

$(x + 1)(x - 3) = x^2 - 10$ | $(x + 6)(x + 8) = x^2 + 20$

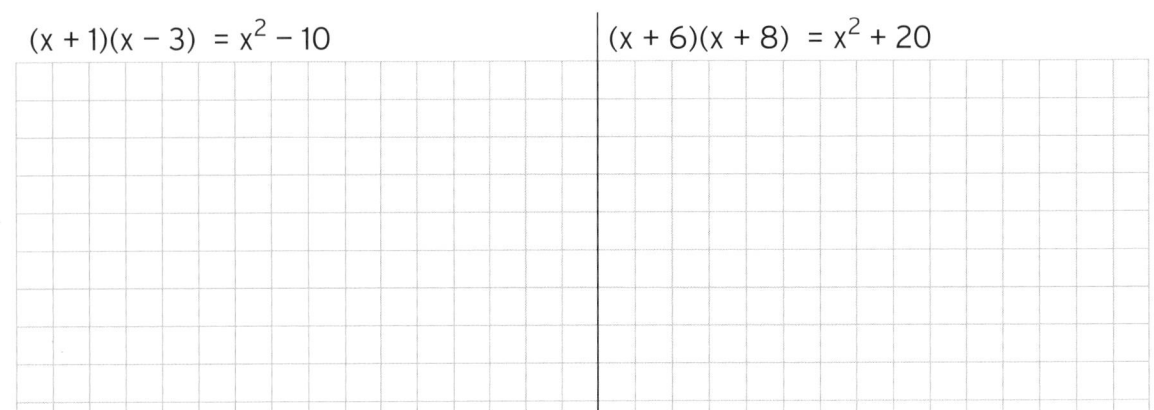

11 Lösen Sie die Formel nach jeder Variablen auf.

Kantenlänge: $L = 4(a + b + c)$

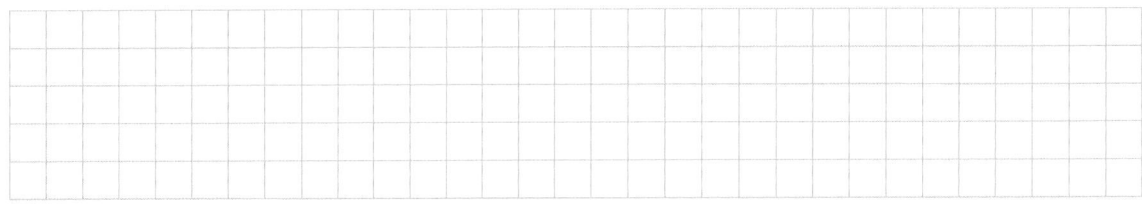

Volumen: $V = \frac{1}{3} \cdot \frac{a \cdot b}{2} \cdot h$

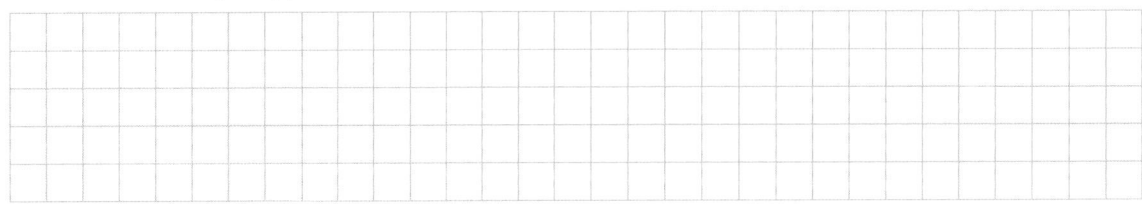

Oberfläche: $O = 2 \cdot G + u \cdot h$

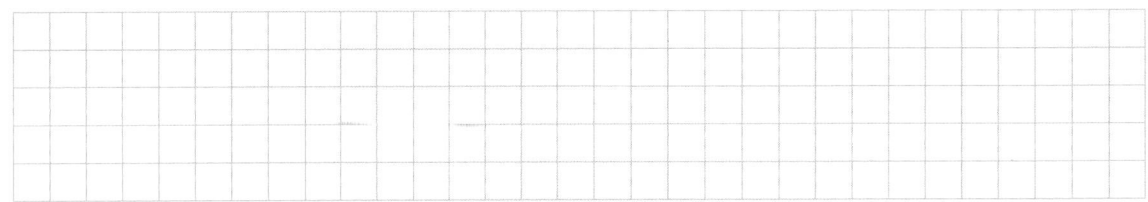

12 Ergänzen Sie, sodass $x = 1$ bzw. $x = -3{,}5$ Lösungen sind.

$4x - \triangle = -6$ | $\square \cdot x + 8 = 1$

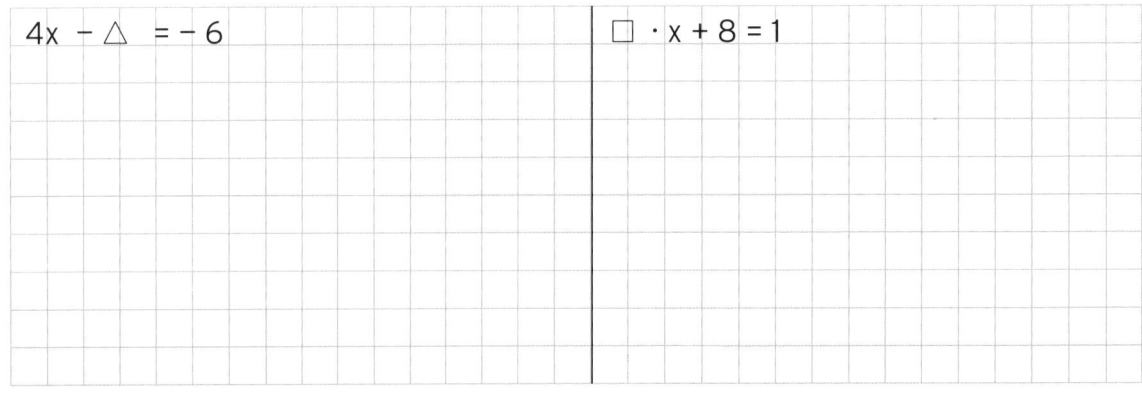

Prozentrechnung

1 Rechnen Sie im Kopf.

5 % von 500 €:	10 % $\widehat{=}$ 50 €	10 % $\widehat{=}$ 250 €
	5 % $\widehat{=}$ 25 €	100 % $\widehat{=}$ 250 € · 10 = 2500 €

a) 30 % $\widehat{=}$ 300 Autos

100 %?

b) 8 m von 160 m

$\boxed{?}$ %

c) 20 % von 50 m^2

d) 5 % $\widehat{=}$ 10 kg

100 %?

e) 120 % von 60 km:

f) 125 % $\widehat{=}$ 200 cm

100 %?

g) 80 kg von 50 kg

$\boxed{?}$ %

h) 110 % von 220 m

i) 140 % $\widehat{=}$ 5,60 m

100 %?

j) 210 dm von 150 dm

$\boxed{?}$ %

k) 90 kg von 300 kg

$\boxed{?}$ %

l) 50 € von 200 €

$\boxed{?}$ %

Prozentrechnung

Begriffe: **Prozentwert W; Grundwert G; Prozentsatz p%**

Formel: **W = G · p %**

2   Berechnen Sie.

	Nettopreis: 180 €; Mehrwertsteuer: 19 %	Bruttopreis W: W = G · p % = 180 € · 1,19 = 214,2 €
a)	Preis vor dem 01.01.: 246 € Preisnachlass zum 01.01: 15 %	Preis nach dem 01.01.:
b)	Preis für einen Döner wird um 5 % auf 4,20 € erhöht.	Preis vor der Erhöhung:
c)	50 l Eistee kosten inklusive 10 % Lieferung 165 €.	Nettopreis:
d)	Der Schlüsseldienst kostet 120 € zuzüglich 30 % Feier- tagszuschlag.	Gesamtkosten:
e)	Ein Vorführwagen kostet 12500 €. Bei Barzahlung gibt es 3 % Rabatt.	Preis bei Barzahlung:
f)	Das um 25 % reduzierte Hemd kostet jetzt noch 69 €.	Alter Preis:
g)	Bruttopreis: 38,84 € Mehrwertsteuer: 7 %	Nettopreis:
h)	Nettogewicht: 17,2 kg Verpackung: 5 %	Bruttogewicht:

3   Wieviel Steuern erhält der Staat?

a) Ein Pkw wird inklusive 19 % Mehr-
    wertsteuer für 14875 € verkauft.

b) Eine   Reparatur   kostet   inklusive
    19 % Mehrwertsteuer 216,58 €.

c) Der Preis für ein Buch beträgt ein-
    schließlich 7 % Mwst. 17,12 € .

d) Die heutige Warenlieferung für den
    Supermarkt hat inklusive 7 % Um-
    satzsteuer eine Wert von 2741,34 €.

e) Pauls Vater tankt für 56 Liter Diesel
    zu je 1,179 € pro Liter. Diesel wird hier
    mit 55,9 % Steuern belegt.

f) Der Bruttopreis für ein Ersatzteil liegt
    bei 63,07 €.

g) Im Bekleidungshaus sind Schuhe für
    149 € ausgezeichnet.

4   Jan behauptet: Dem Diagramm
    kann man entnehmen, dass sich
    der Preis um den gleichen
    Prozentsatz zuerst erhöht und
    dann wieder gesenkt hat.
    Überprüfen Sie, ob Jan Recht hat.

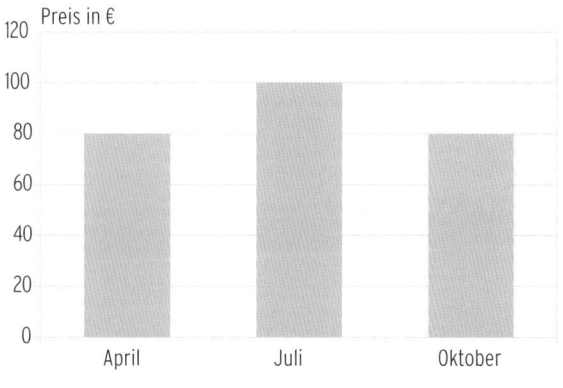

5 Vervollständigen Sie die Tabelle.

alter Preis in €		2560	458	471,5
neuer Preis in €	1260	2649,6		509,22
Preissenkung (1) Preiserhöhung (2)	(2) 5 %		(1) 3 %	

Zinsrechnung

Zinsrechnung Begriffe: **Kapital K**   **Zinsen Z**   **Zinssatz p %**

Formel für die Jahreszinsen: $Z = K \cdot \frac{p}{100}$

Formel für die Zinsen für t Tage : $Z = K \cdot \frac{p}{100} \cdot \frac{t}{360}$

1 Füllen Sie die Tabelle aus.

Kapital in €	Zinssatz p %	Jahreszinsen in €
3400	1,5	$Z = K \cdot \frac{p}{100} = 3400 \cdot \frac{1,5}{100} = 51$
	0,75	9
5100	1,4	
720		15,84

2 Berechnen Sie die fehlende Größe.

Kapital in €	Zinssatz p %	Zinsen in € für 3 Monate
680	2,5	$Z = 680 \cdot \frac{2,5}{100} \cdot \frac{3}{12} = 4,25$
	1,5	12
1250	1,25	
950		7,2

3 Ergänzen Sie die Tabelle.

Kapital in €	Zinssatz p %	Zinsen in € für 20 Tage
12000	1,25	
	3,5	6
11250		25

4 Wie viele Zinsen erhalten Sie für den angebenen Zeitraum?

	Guthaben in €	Zinssatz p %	Zeitraum (1 Monat ≙ 30 Tage)	Zinsen in €
a)	2300	1,5	30 Tage	
b)	25000	3,75	Ende Januar bis Ende April	
c)	1700	0,25	9 Monate	
d)	8250	2,3	25. September bis 10. Oktober	

5 Herr John hat sein Girokonto um 500 € überzogen. Die Bank bucht am Quartalsende 2,26 € Überziehungszinsen ab. Der Zinssatz beträgt 12,6 %.
   Wie lange war das Konto überzogen?

33

5 Bohner u.a. ISBN 978-3-8120-2119-7

6 Berechnen Sie.

a) Hans hat zu Beginn des Jahres 380 €
   auf dem Sparbuch bei 1,5 % Zinsen.
   Wieviel Zinsen bekommt
   er nach einem Jahr?

b) Oma hat 8600 € angelegt und erhält
   nach einem Jahr 236,50 € Zinsen.
   Wie hoch ist der Zinssatz?

c) Jonas bekommt 3,2% Jahreszinsen
   und hebt am Jahresende 180 €
   Zinsen ab.
   Wie hoch war sein Guthaben zu
   Beginn des Jahres?

d) Für einen Kredit über 46000 € über
   ein halbes Jahr muss Herr Franz
   1035 € Zinsen bezahlen.
   Wie hoch ist der Zinssatz?

e) Pauls Vater stellt fest, dass er am
   Jahresende 882,36 € auf dem Fest-
   geldkonto hat. Er erhält 3,2 %
   Zinsen.
   Wie hoch war sein Guthaben zu
   Beginn des Jahres?

f) Herr Bohn zahlt die Rechnung über
   350 €, indem er sein Konto überzieht.
   Für diesen Kredit berechnet ihm die
   Bank 11,8 %.
   Welchen Betrag muss er aufwenden,
   wenn er den Kredit nach 3 Monaten
   zurückzahlt?

2 Bruchgleichungen

Bei einer **Bruchgleichung** steht die Lösungsvariable im Nenner.

1 Welche Zahlen dürfen in den Term nicht eingesetzt werden?

$\frac{12}{x}$	-2	-1	0	1	3
$\frac{9}{2x-6}$					

$\frac{-x}{4x+8}$	-2	-1	0	1	3
$\frac{4}{x-1}$					

2 Bestimmen Sie die größtmögliche Definitionsmenge.

$\frac{3}{x-5}$	$x - 5 = 0 \qquad D = \mathbb{R}\setminus\{5\}$
	$x = 5$
$\frac{50}{x}$	
$\frac{-5}{2x-3}$	

$\frac{7}{2x}$	
$\frac{-1}{x-1}$	
$\frac{2x}{7-x}$	

3 Bestimmen Sie die Lösungsmenge L. Machen Sie die Probe.

$\frac{3}{2(x-1)} = \frac{1}{4}$	$\frac{5}{x} = 3$	$3 - \frac{6}{x} = 0$	$\frac{5}{2-x} = 1$
$D = \mathbb{R}\setminus\{1\}$			
$\frac{3}{2(x-1)} = \frac{1}{4} \quad \vert \cdot 4$			
$\frac{6}{(x-1)} = 1 \quad \vert \cdot (x-1)$			
$6 = x - 1$			
$x = 7$			
$L = \{7\}$			
Probe:			
$\frac{3}{2(7-1)} = \frac{1}{4}$			
$\frac{3}{12} = \frac{1}{4}$ wahr			

4 Bestimmen Sie die Lösungsmenge L.

$\frac{-2}{2x+1} = 0$	$\frac{1}{5(x-3)} = \frac{1}{2}$	$\frac{-15}{3+x} = 10$	$\frac{12}{2-2x} = \frac{1}{4}$

5 Jana und Tom lösen die folgende Gleichung $\frac{4}{x-4} = \frac{2}{3}$.

Finden Sie die Fehler und lösen Sie die Gleichung.

Jana: $\frac{4}{x-4} = \frac{2}{3}$

$\frac{12}{x-12} = 2$

$12 = 2(x-12)$

$6 = x - 6$

$x = 12$

Tom: $\frac{4}{x-4} = \frac{2}{3}$

$\frac{12}{x-4} = 2$

$12 = 2 \cdot x - 4$

$6 = x - 4$

$x = 10$

3 Quadratische Gleichungen

Reinquadratische Gleichungen

Eine **reinquadratische Gleichung** hat die Form $ax^2 + c = 0$; $a \neq 0$.

Bestimmung der Lösung durch Auflösen nach x^2 und Wurzel ziehen.

1 Bestimmen Sie die Lösungsmenge L.

$2x^2 = 5$	$5x^2 - 2 = 0$	$-2 + 2x^2 = 1$	$-\frac{2}{3} + \frac{4}{5}x^2 = -\frac{1}{2}$
$2x^2 = 5 \mid : 2$ $x^2 = \frac{5}{2}$ $x_{1\mid2} = \pm\sqrt{\frac{5}{2}}$ 2 Lösungen Lösungsmenge: $L = \{\pm\sqrt{\frac{5}{2}}\}$			

2 Bestimmen Sie x.

a) 4 Quadrate mit der Seitenlänge x cm haben einen gesamten Flächeninhalt

von 120 cm². Bestimmen Sie die Seitenlänge.

b) Ein Rechteck mit den Seitenlängen x cm und 4x cm hat einen gesamten Flächen-

inhalt von 64 cm². Bestimmen Sie die Seitenlängen.

3 Erklären Sie, warum die Gleichung $x^2 + 2 = 0$ keine Lösung hat.

Gemischtquadratische Gleichungen

Eine **quadratische Gleichung** der Form $ax^2 + bx + c = 0$; $a \neq 0$, hat die Lösung

$$x_{1|2} = \frac{-b \pm \sqrt{b^2 - 4ac}}{2a}$$

Die Diskriminante $D = b^2 - 4ac$ entscheidet über die Lösungsvielfalt.

1 Bestimmen Sie die Diskriminante und geben Sie die Anzahl der Lösungen an.

$x^2 + 2x - 6 = 0$	$a = 1$; $b = 2$; $c = -6$; $D = 4 - 4 \cdot 1 \cdot (-6) = 28 > 0$; 2 Lösungen
$x^2 - 4x - 1 = 0$	
$2x^2 + x + 5 = 0$	
$0{,}5x^2 - 4x + 8 = 0$	

2 Bestimmen Sie die Lösungsmenge L.

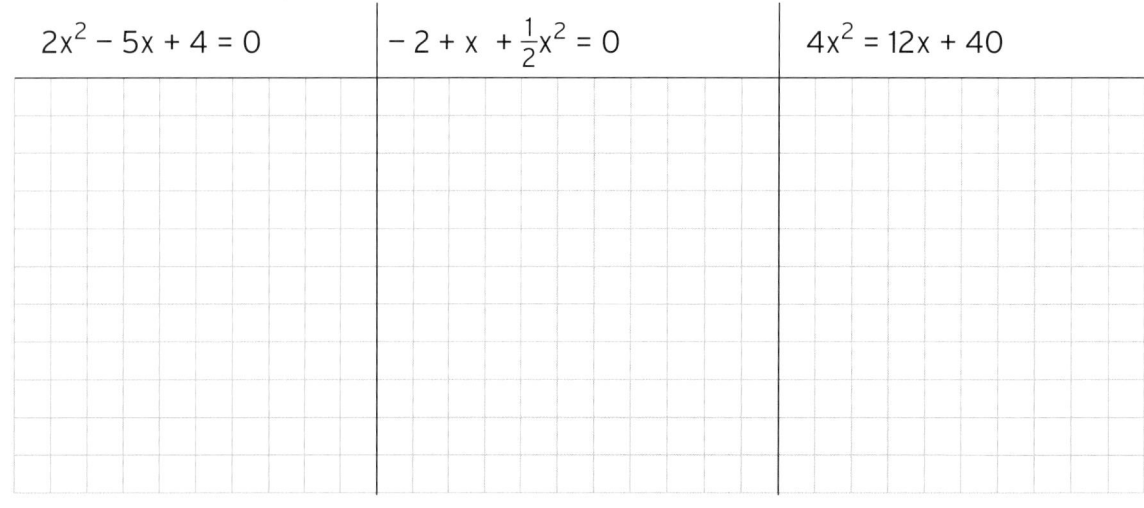

$x^2 - 3x + 1 = 0$	$x^2 + 4x - 5 = 0$	$x^2 + 2x - 6 = 0$
$a = 1$; $b = -3$; $c = 1$ $$x_{1|2} = \frac{3 \pm \sqrt{(-3)^2 - 4}}{2}$$ $$x_{1|2} = \frac{3 \pm \sqrt{5}}{2}$$ $$x_1 = \frac{3 - \sqrt{5}}{2}; \; x_2 = \frac{3 + \sqrt{5}}{2}$$ 2 Lösungen $$L = \{\frac{3 - \sqrt{5}}{2}; \frac{3 + \sqrt{5}}{2}\}$$		
$2x^2 - 5x + 4 = 0$	$-2 + x + \frac{1}{2}x^2 = 0$	$4x^2 = 12x + 40$

3 Geben Sie alle Lösungen an.

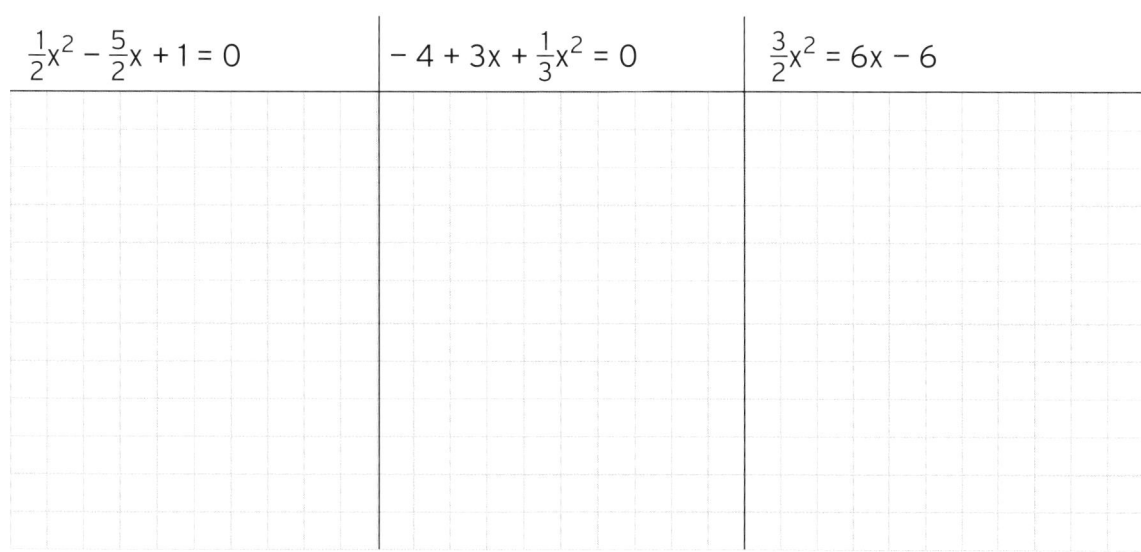

| $x^2 - 5x + 4 = 0$ | $x^2 + 6x - 1 = 0$ | $x^2 + 4x = -7$ |

| $\frac{1}{2}x^2 - \frac{5}{2}x + 1 = 0$ | $-4 + 3x + \frac{1}{3}x^2 = 0$ | $\frac{3}{2}x^2 = 6x - 6$ |

4 Lösen Sie die Gleichung nach x auf.

a) $x^2 + 2x - 6 = 3x^2 + 2$

b) $\frac{1}{2}x^2 + x + 4 = -\frac{1}{2}x + \frac{23}{8}$

5 Die quadratische Gleichung hat zwei, eine oder keine Lösung. Entscheiden Sie.

Geben Sie die Lösungen an.

a) $x^2 + 12x + 67 = 3 - 4x$

b) $\frac{1}{2}x^2 + 5x + 4 = -\frac{3}{2}x^2 + \frac{5}{2}$

c) $(x + 1)^2 - 3x^2 = -4(x - 3)$

6 Ergänzen Sie die quadratische Gleichung so, dass sie   a) eine Lösung

b) zwei Lösungen   c) keine Lösung hat. Machen Sie die Probe.

Gleichung	$x^2 - 2x + \boxed{} = 0$	$\boxed{}\,x^2 + 4x - 2 = 0$
a)		
b)		
c)		

III Geometrie

1 Satz des Thales

Satz des Thales:
Jeder Winkel im Halbkreis ist ein rechter Winkel.

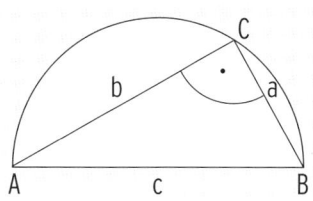

1 Zeichnen Sie das rechtwinklige Dreieck mithilfe des Satzes von Thales.

c = 7 cm; a = 4 cm

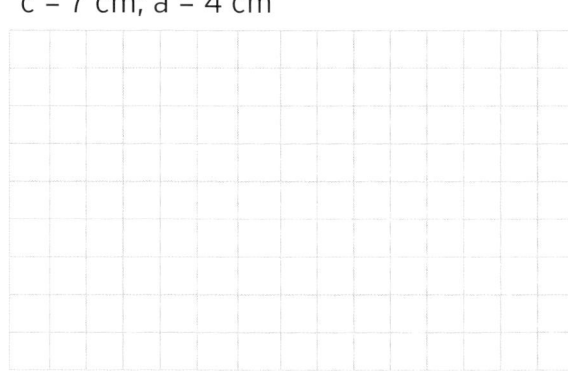

c = 6 cm; α = 45°

c = 4,5 cm; b = 3,5 cm

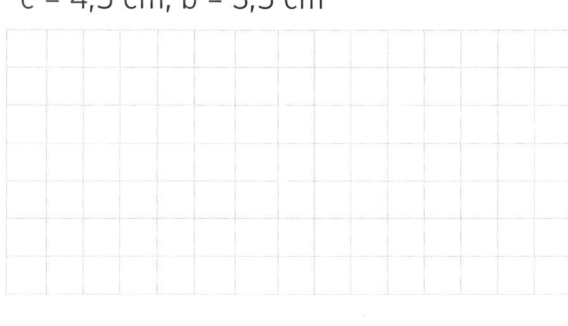

c = 3,5 cm; β = 30°

2 Zeichnen Sie das Dreieck in das Koordinatensystem ein. Überprüfen Sie mithilfe des Satzes von Thales, ob das Dreieck rechtwinklig ist.

A(− 3 | − 2), B(3 | 0), C(2 | 3)

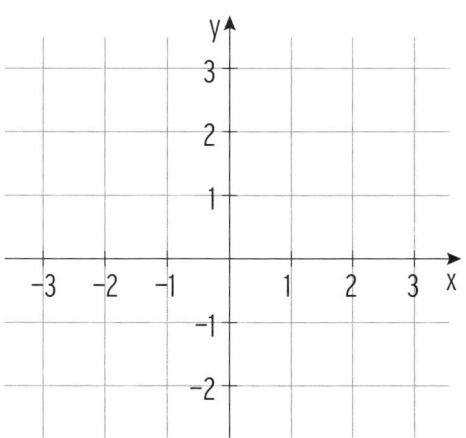

A(− 2 | − 2), B(2 | 0), C(− 1 | 1,5)

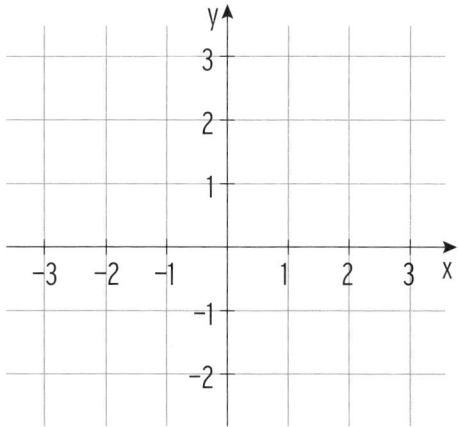

3 Bestimmen Sie die Winkel. Begründen Sie ihre Antwort.

a)

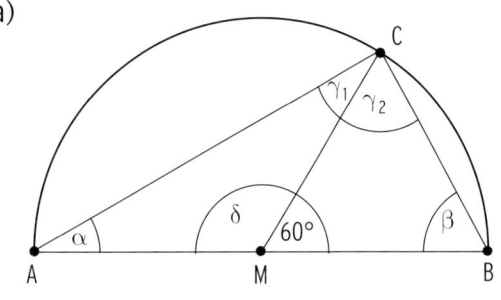

α = _____

β = _____

γ_1 = _____ γ_2 = _____

δ = _____

Begründung:

b)

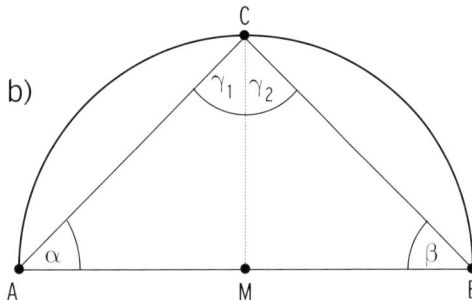

α = _____

β = _____

γ_1 = _____

γ_2 = _____

Begründung:

4 Gegeben ist die Gerade g und ein Punkt P. Konstruieren Sie eine Senkrechte zu g durch P.

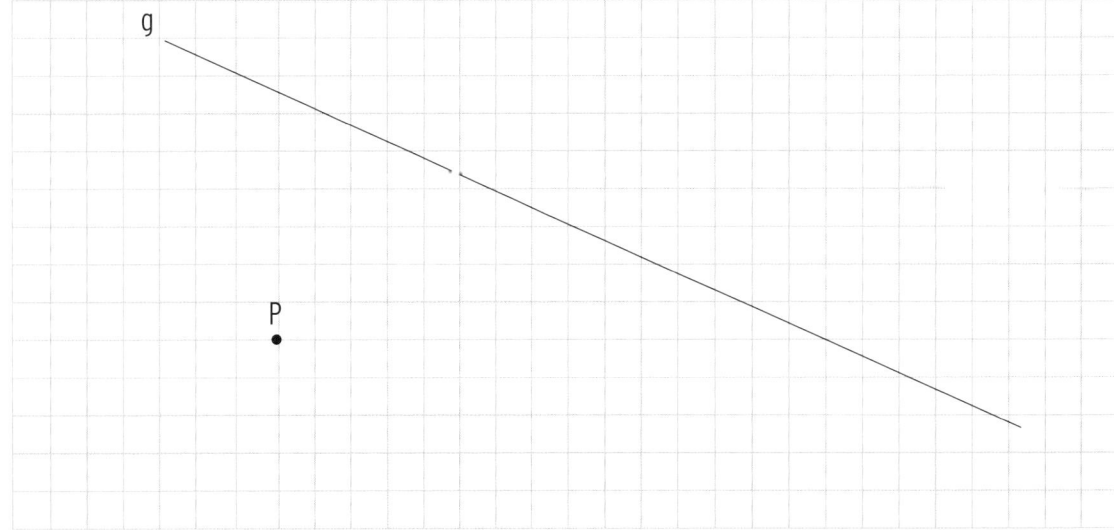

5 Wo steckt der Fehler bei der Konstruktion der rechtwinkligen Dreiecke?

Abb. 1

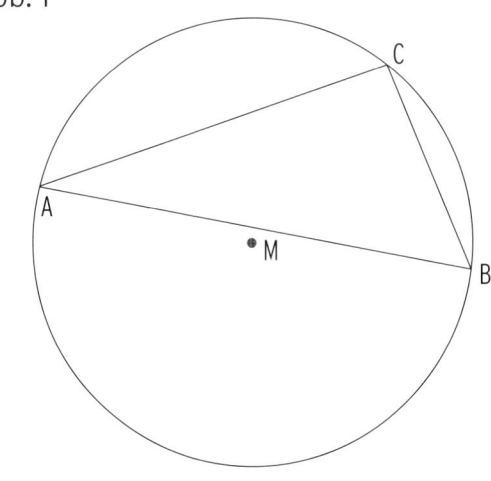

Abb. 2

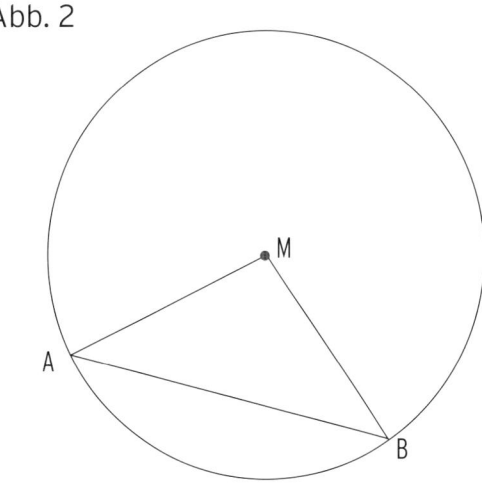

Fehler: _____

_____

Fehler: _____

_____

6 Was können Sie über den Winkel bei C, D, E und F aussagen?
   Begründen Sie ihre Aussagen.

Abb. 3

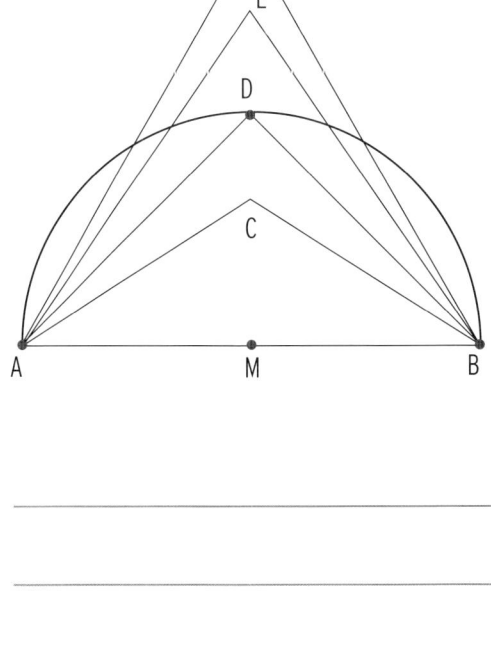

Abb. 4

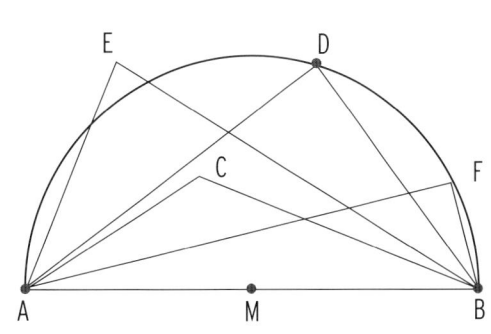

_____

_____

_____

_____

_____

_____

2 Symmetrie und Kongruenz

Symmetrie

1   Zeichnen Sie die Spiegelachse bzw. das Spiegelzentrum ein.

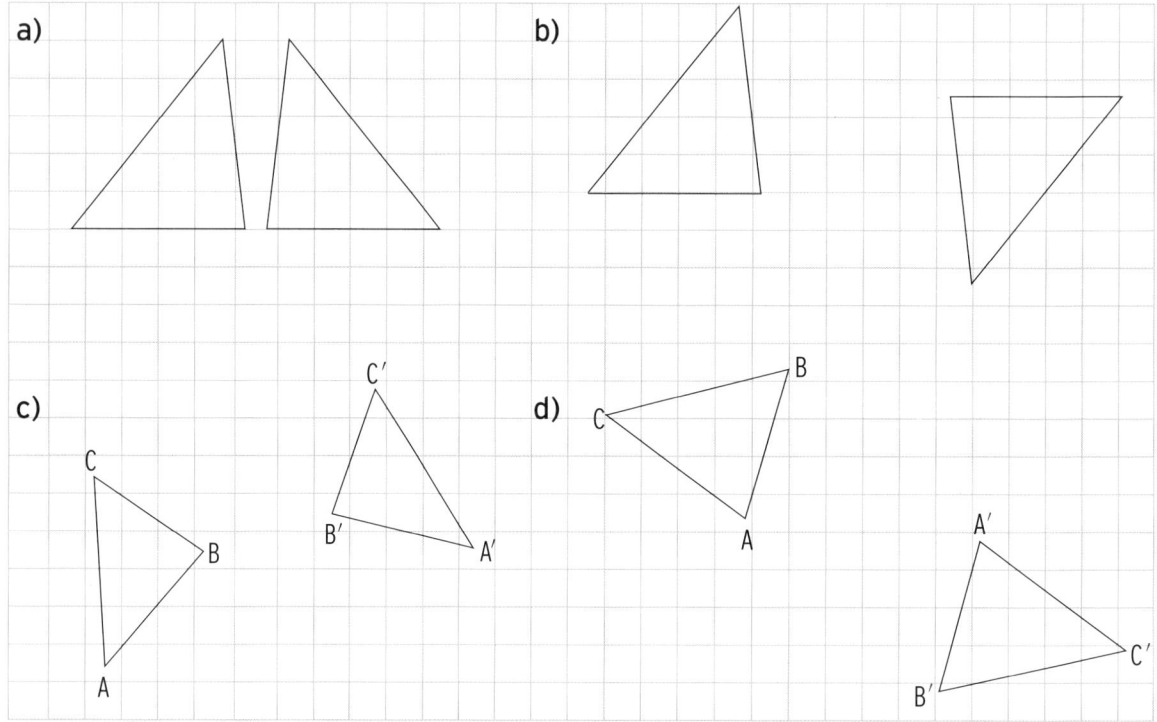

2   Spiegeln Sie das Dreieck ABC an der Geraden g bzw. am Zentrum Z.

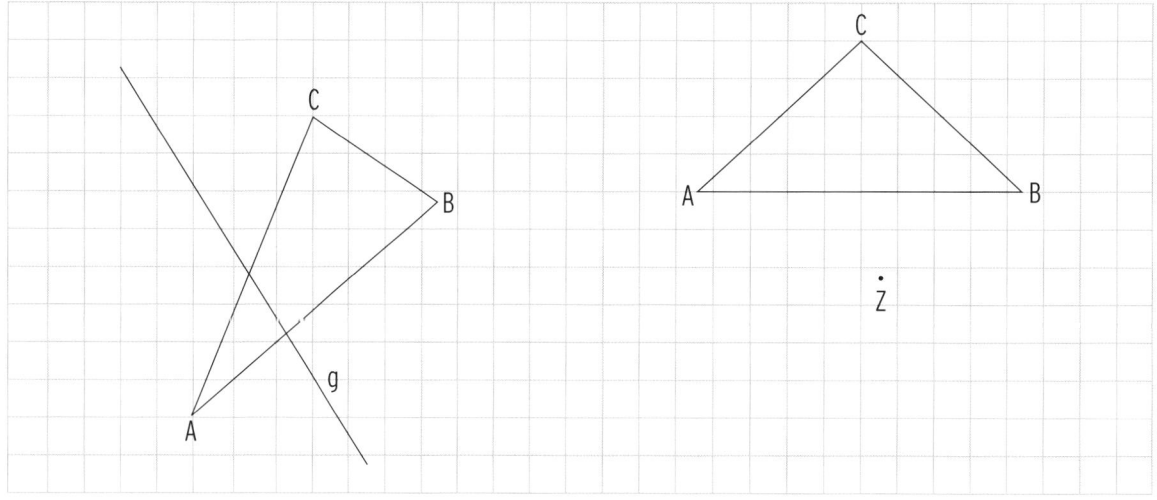

3   Geben Sie die Anzahl der Spiegelachsen an. Zeichnen Sie diese ein.
Welche Verkehrszeichen sind punktsymmetrisch? Zeichnen Sie das Spiegelzentrum ein.

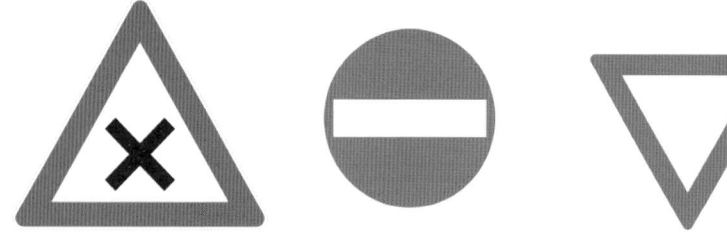

Kongruenz

Zwei Figuren sind **kongruent,** wenn sie deckungsgleich sind.

Die Originalfigur lässt sich durch eine **Kongruenzabbildung**

(Spiegelung, Verschiebung, Drehung) in die Bildfigur überführen.

1   Entscheiden Sie, welche Figuren kongruent sind. Begründen Sie ihre Entscheidung.

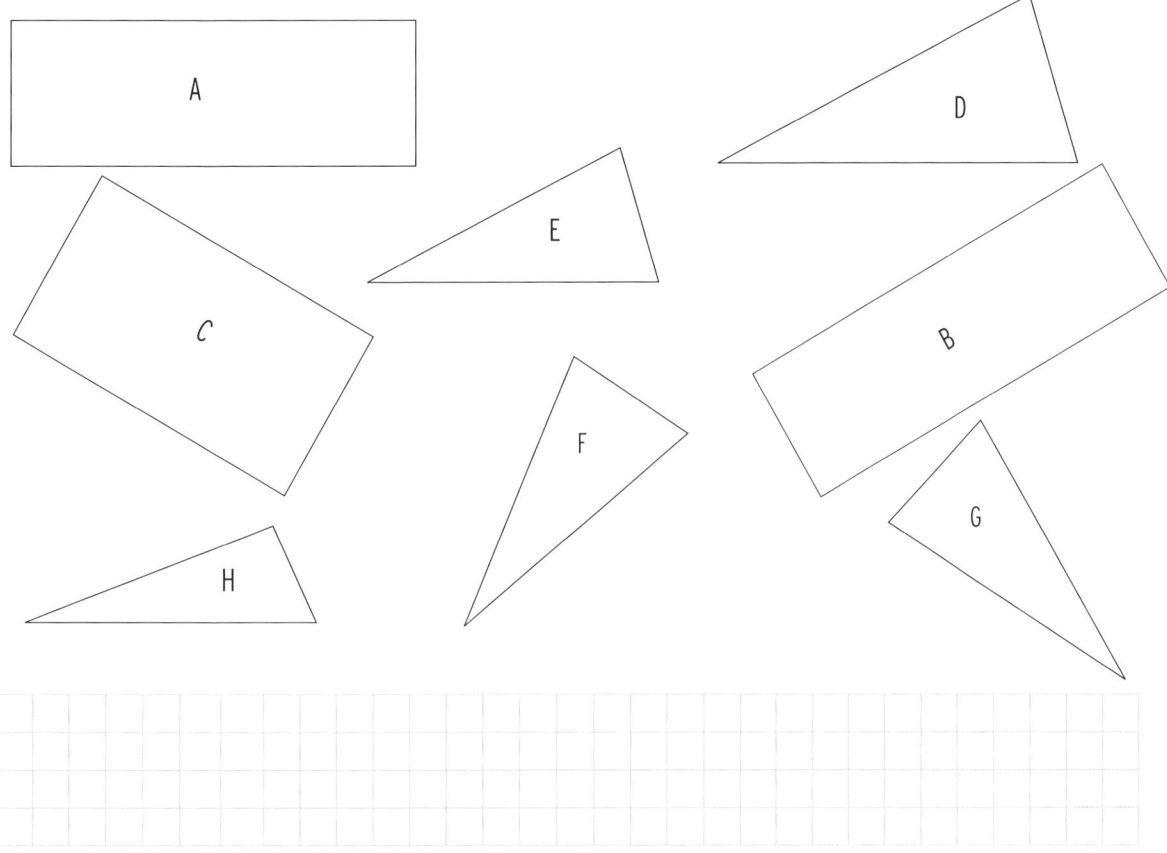

2   Konstruieren Sie das zum Dreieck ABC kongruente Dreieck A'B'C'.

a) durch Verschiebung   b) durch Drehung

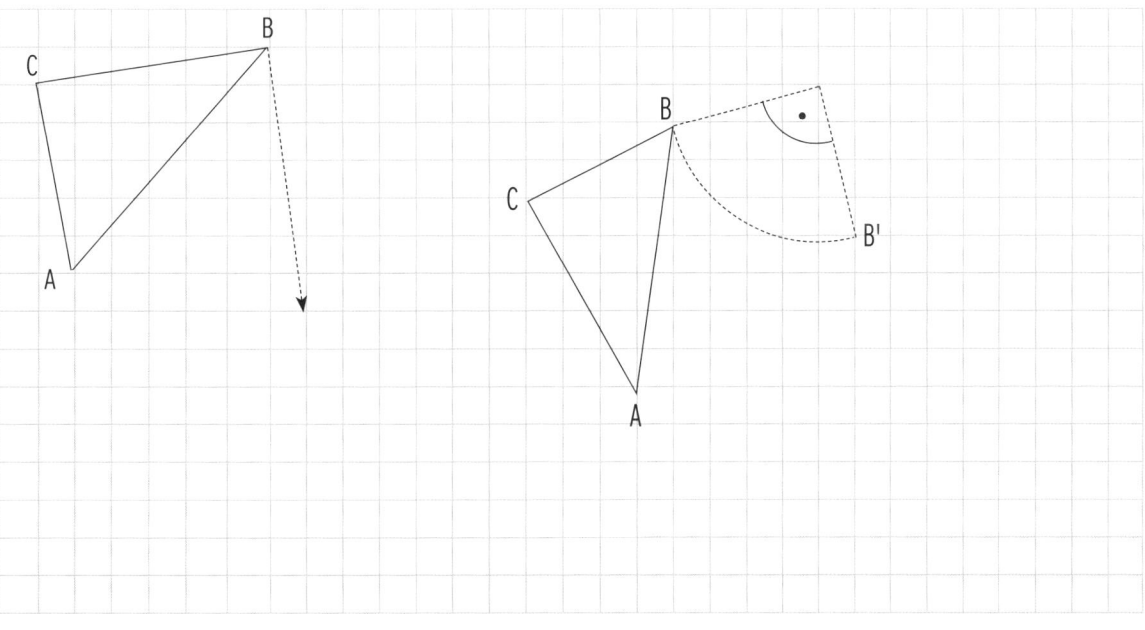

3 Ähnlichkeit

Zwei Figuren sind **ähnlich,** wenn die Verhältnisse entsprechender Seitenlängen und entsprechender Winkelweiten übereinstimmen.

1 Entscheiden Sie, welche Figuren ähnlich sind. Begründen Sie ihre Entscheidung.

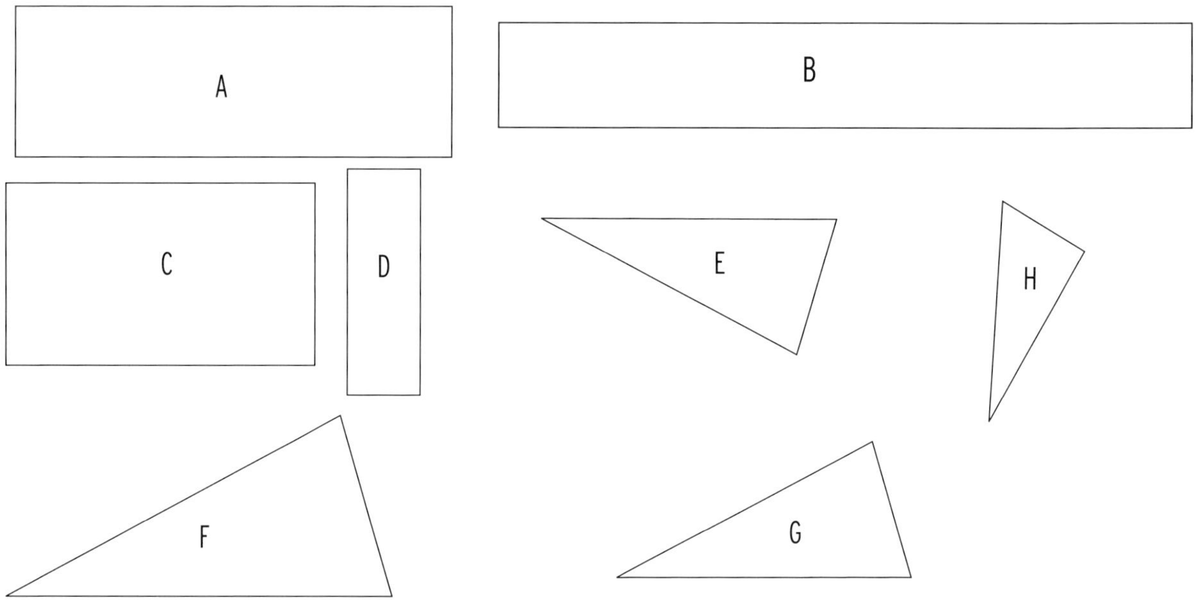

2 Ein Rechteck hat eine Seite mit 5 cm und einen Inhalt von $A_1 = 18\ \text{cm}^2$.

Ein zweites ähnliches Rechteck hat einen 9 mal so großen Flächeninhalt.

Bestimmen Sie die alle Seitenlängen.

3 Vervollständigen Sie so, dass ähnliche Figuren entstehen.

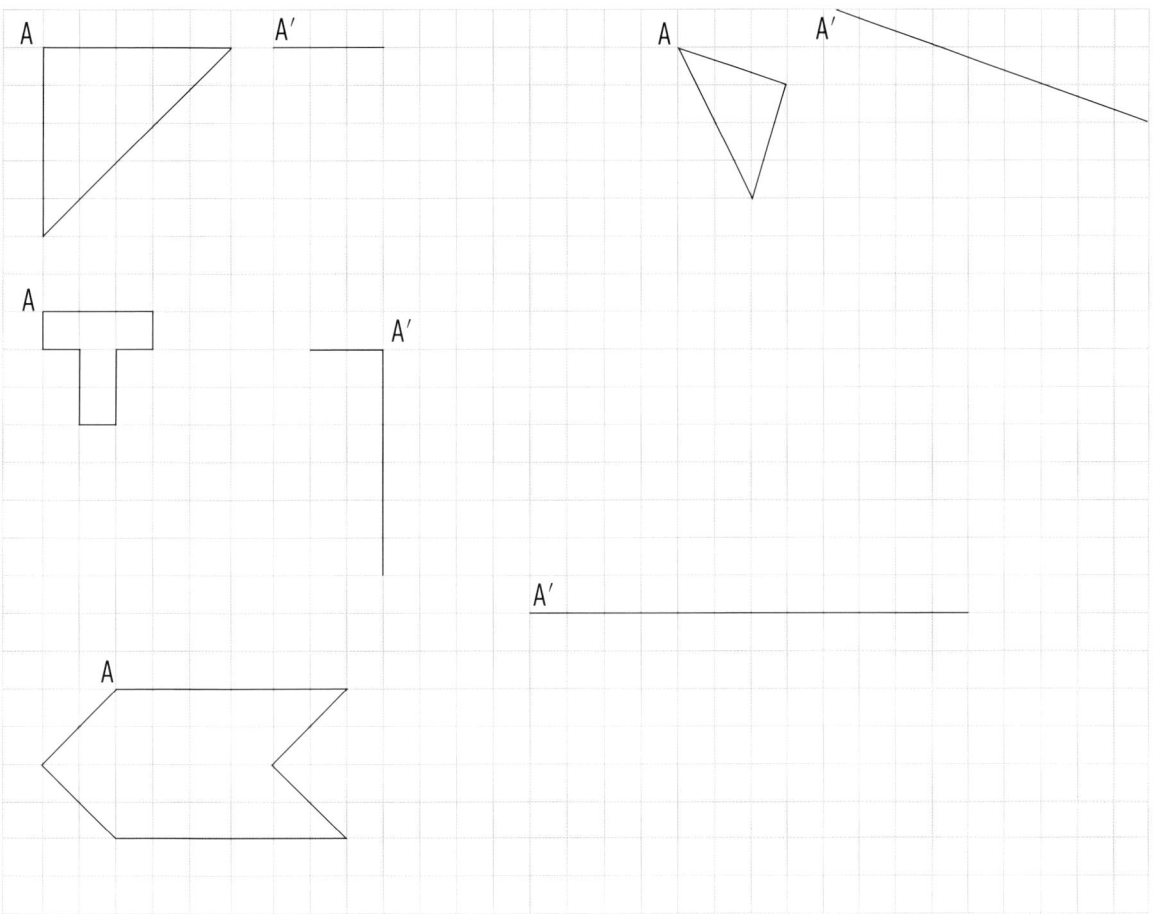

4 Konstruieren Sie ein Dreieck A'B'C' bzw. ein Dreieck A''B''C'' so, dass diese zum

Dreieck ABC ähnlich sind.

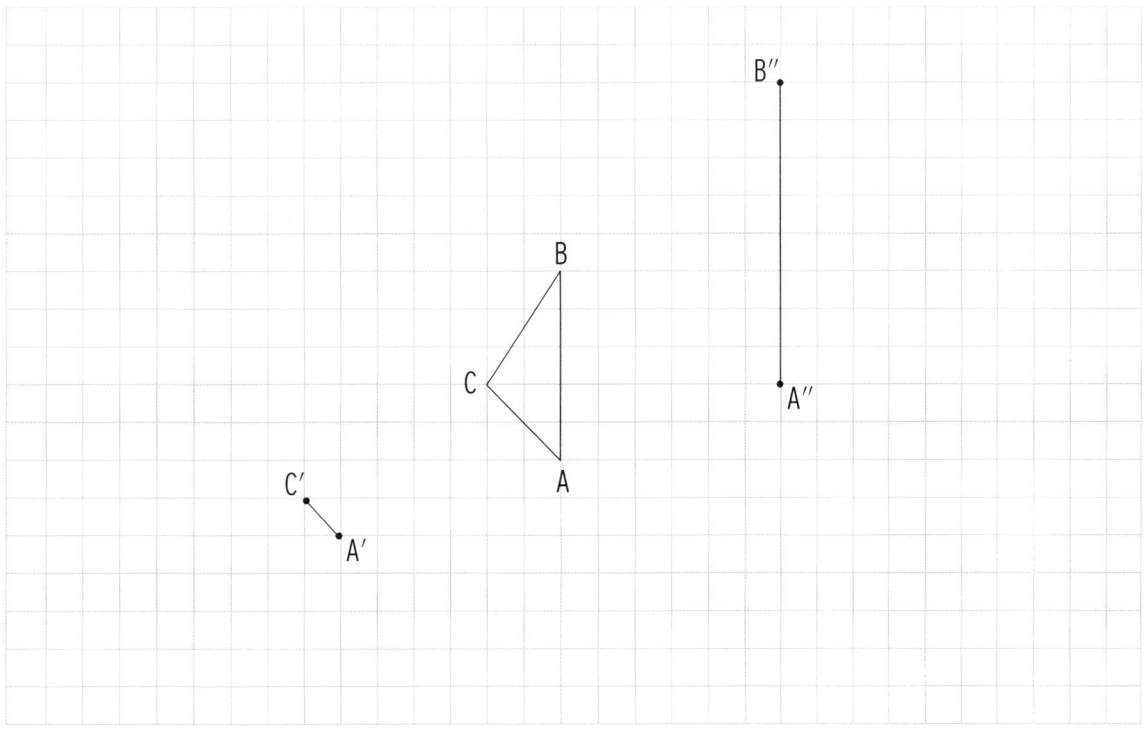

4 Strahlensätze

1. Strahlensatz: $\frac{a}{b} = \frac{c}{d}$ oder

$$\frac{a}{a+b} = \frac{c}{c+d}$$

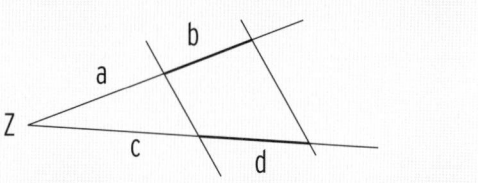

1 Vervollständigen Sie die Zeichnung, indem Sie die fehlenden Größen berechnen.

a)

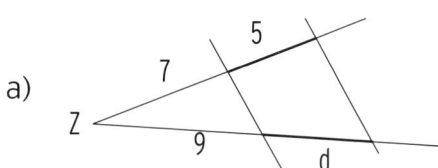

b)

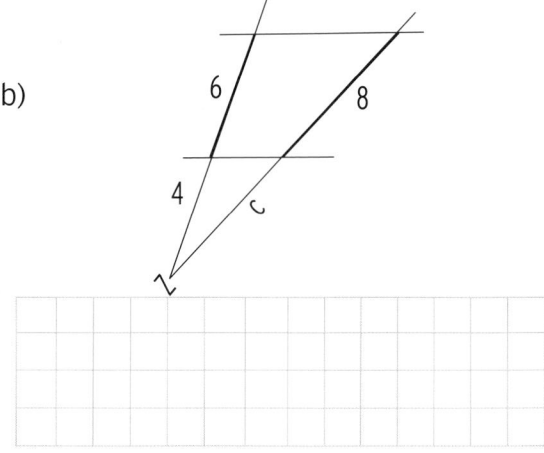

2 Ermitteln Sie die Länge des Tunnels durch den Berg (Längen in m).

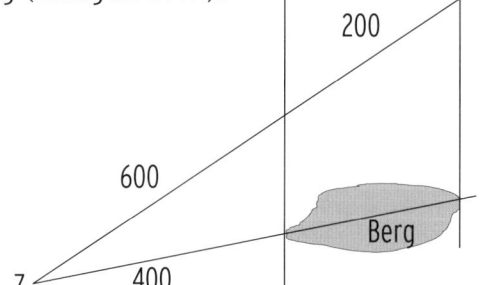

3 Ergänzen Sie die Tabelle für den 1. Strahlensatz.

$\frac{a}{b} = \frac{c}{d}$	a = 4	b = 10	d = 25	c:
	a = 2,5	c = 6	d = 8,5	b:
	a = 12	b = 20	c = 18	d:

$\frac{a}{a+b} = \frac{c}{c+d}$	a = 4	a + b = 12	c + d = 40	c:
	a = 9	c = 6	c + d = 14	b:

2. Strahlensatz: $\dfrac{e}{f} = \dfrac{a}{a + b}$ oder

$$\dfrac{e}{f} = \dfrac{c}{c + d}$$

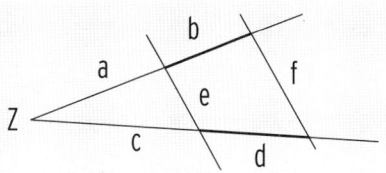

1 Bestimmen Sie die Längen der unbekannten Strecken.

a)

b)

2 Ergänzen Sie die Tabelle für den 2. Strahlensatz.

$\dfrac{e}{f} = \dfrac{a}{a + b}$				
	e = 4	f = 12	a = 2,5	b:
	a = 25	b = 60	e = 8	f:
	b = 10	e = 3,5	f = 10,5	a:

3 Ermitteln Sie die Entfernung der beiden Anlegestellen A und B (Längen in m).

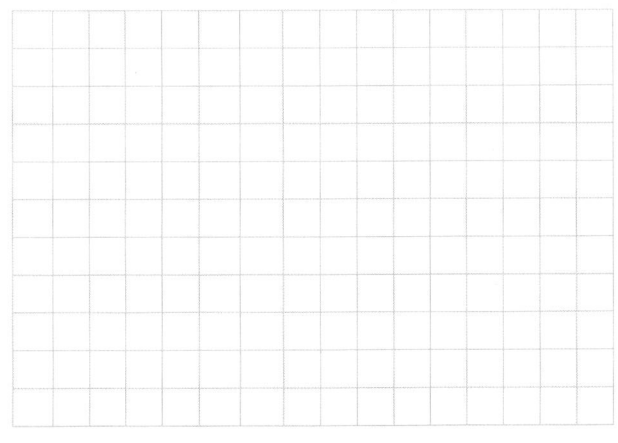

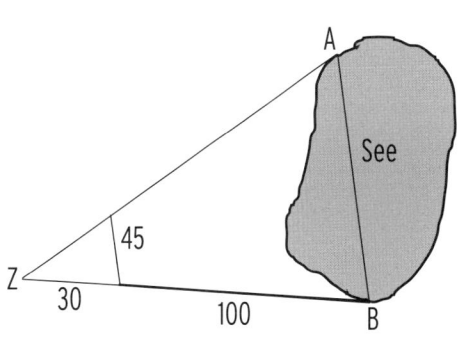

7 Bohner u.a. ISBN 978-3-8120-2119-7

5 Volumen und Oberflächeninhalte

Kegel

Ein Kegel mit Grundkreisradius r und Höhe h hat

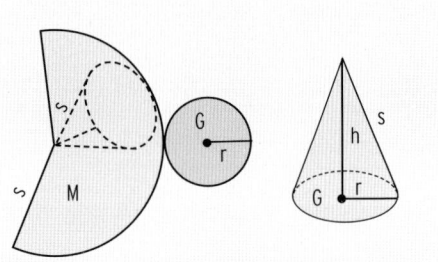

- die Grundfläche: $\quad\quad\quad G = \pi \cdot r^2$

- das Volumen: $\quad\quad\quad\quad V = \frac{1}{3} \cdot \pi \cdot r^2 \cdot h$

- die Mantelfläche: $\quad\quad\quad M = \pi \cdot r \cdot s$

- den Oberflächeninhalt: $O = G + M$

1   Vervollständigen Sie die Tabelle mit Werten für einen Kegel.

r (cm)	h (cm)	s (cm)	G (.......)	V (.......)	M (.......)	O (.......)
3	4	5	$\pi \cdot 3^2$ = 28,3	$\frac{\pi}{3} \cdot 3^2 \cdot 4$ = 37,7	$\pi \cdot 3 \cdot 5$ = 47,1	28,3 + 47,1 =75,4
2,50	5,80	6,32				
3,80	6				84,76	
	10,0			65,45	80,97	
		66,48	165,30	126,53		
	4			6,03		

Nebenrechnungen:

Kugel

Eine Kugel mit Radius r hat

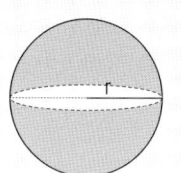

- das Volumen: $V = \frac{4}{3} \cdot \pi \cdot r^3$
- den Oberflächeninhalt: $O = 4 \cdot \pi \cdot r^2$

1 Füllen Sie die Tabelle aus.

r (cm)	V (.......)	O (.......)
4	$\frac{4}{3} \cdot \pi \cdot 4^3$ = 268,08	$4 \cdot \pi \cdot 4^2$ = 201,06
2,5		
	0,90	
		1953,50

r (mm)	V (.......)	O (.......)
7		
10		
	1838778,37	
		380,13

2 Eine Kugel hat den doppelten Radius der anderen Kugel.

a) Ist das Volumen auch doppelt so groß? Entscheiden Sie begründet.

b) Ist die Oberfläche viermal so groß? Entscheiden Sie begründet.

3 Berechnen Sie den Oberflächeninhalt einer Kugel, die 100 *l* Wasser fasst.

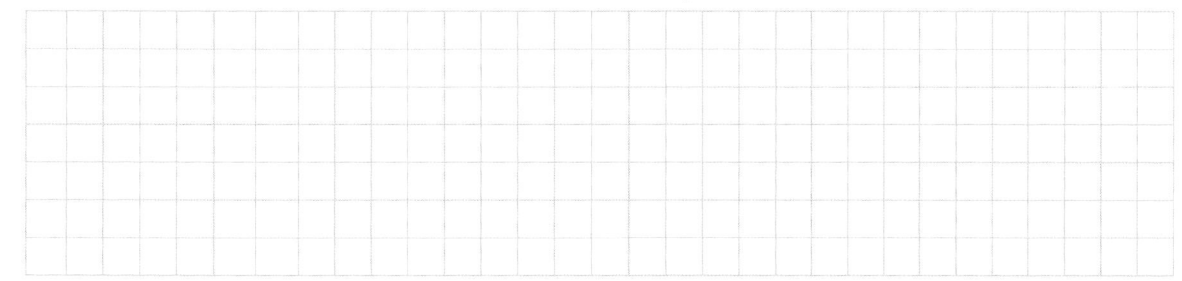

Satz des Pythagoras

In einem rechtwinkligen Dreieck ABC gilt:

$a^2 + b^2 = c^2$

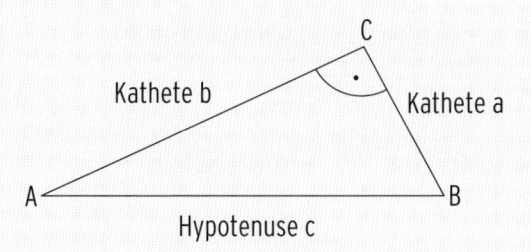

1 Bestimmen Sie die Länge der fehlenden Seite des rechtwinkligen Dreiecks.

Kathete	Kathete	Hypotenuse	Kathete	Kathete	Hypotenuse
3	5	$c^2 = 3^2 + 5^2$ $c = 5{,}83$	7		9,5
	1,50	4,27		5	11,2
12		16,97	0,5	0,6	

2 Entscheiden Sie, ob ein rechtwinkliges Dreieck vorliegt. Begründen Sie.

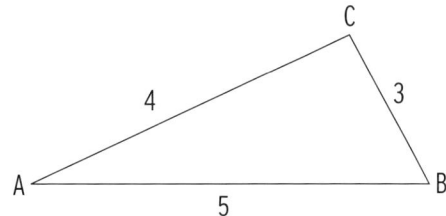

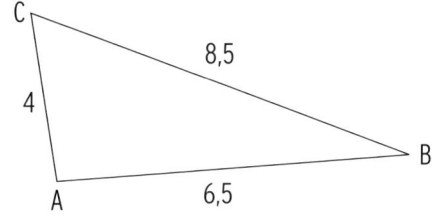

Dreieck ABC ist _____.

Dreieck ABC ist _____.

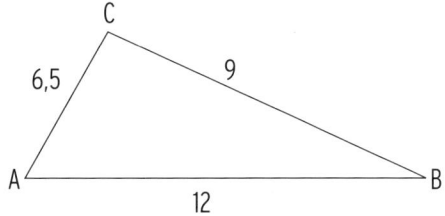

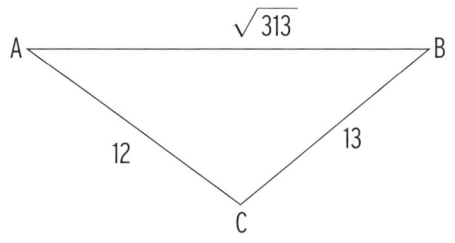

Dreieck ABC ist _____.

Dreieck ABC ist _____.

Quader

Ein Quader mit der Grundfläche G und der Höhe h hat

• das Volumen: $V = G \cdot h$

$V = a \cdot b \cdot c$ (mit Höhe h = c)

• den Oberflächeninhalt: $O = 2(a \cdot b + a \cdot c + b \cdot c)$

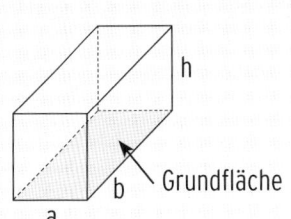

1 Entscheiden Sie, ob ein Quader vorliegt. Begründen Sie Ihre Entscheidung.

a)
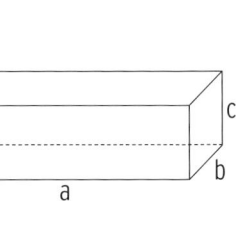

b)
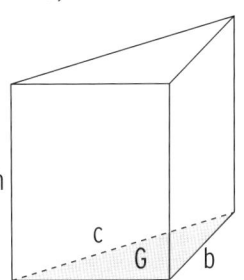

c)
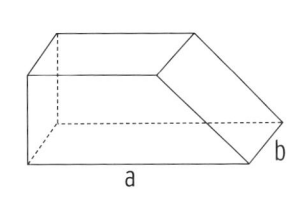

d)
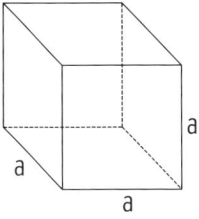

2 Füllen Sie die Tabelle für einen Quader aus.

a (cm)	b (cm)	c = h (cm)	G (........)	V (........)
3	4	5	3 · 4 = 12	3 · 4 · 5 = 60
5,5	5,8	6,3		
38	60			15960
0,5		8	7,5	
a	a	c	324	3175,2
1,2	0,4			0,144

Zylinder

Ein Zylinder hat

- das Volumen: $V = G \cdot h = \pi \cdot r^2 \cdot h$

- den Mantelflächeninhalt: $M = u \cdot h$

$$M = 2\pi \cdot r \cdot h$$

- den Oberflächeninhalt: $O = 2 \cdot G + M$

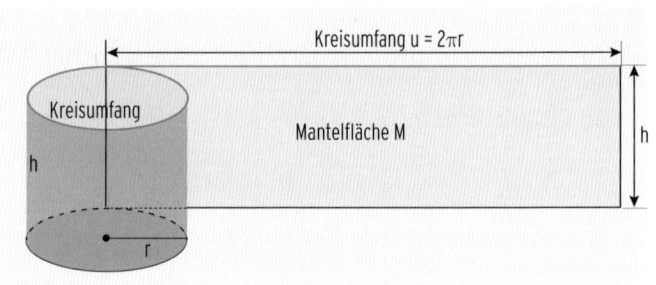

1 Berechnen Sie die fehlenden Größen des Zylinders.

	a)	b)	c)	d)	e)
Radius	8 cm	2,3 dm		0,2 m	1,2 cm
Umfang Grundkreis			18,4 m		
Grundflächeninhalt					
Höhe Zylinder	6 cm		1,2 m	1,1 m	
Volumen Zylinder		76,05 dm^3			6,45 cm^3
Mantelflächeninhalt					
Oberflächeninhalt					

Nebenrechnungen:

2 Eine Litfaßsäule (ein Zylinder) hat einen Durchmesser von 1,45 m.

Welche Fläche kann mit Werbung beklebt werden, wenn sie 2,80 m hoch ist und die unteren 50 cm frei bleiben sollen?

Pyramide

Eine Pyramide mit der Grundfläche G und der Höhe h hat

das Volumen: $V = \frac{1}{3} \cdot G \cdot h$.

Die Oberfläche O ist die Summe

aus den Inhalten der Grundfläche und den Seitenflächen .

Die Seitenfläche ist ein Dreieck mit dem Inhalt $A_D = \frac{1}{2} a \cdot h_D$.

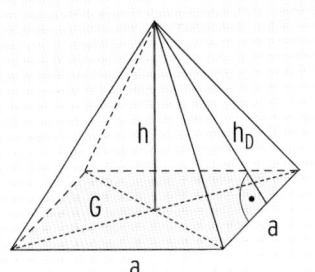

1   Berechnen Sie die fehlenden Größen einer quadratischen Pyramide.

	a)	b)	c)	d)	e)
Grundkante	3 cm	5 dm		0,2 m	
Höhe Pyramide	6 cm		4,5 dm	0,7 m	
Grundflächeninhalt			6,76 dm^2		2,56 m^2
Höhe Seitenfläche					
Inhalt Seitenfläche					15,92 m^2
Volumen		61,08 dm^3			
Oberflächeninhalt					

Nebenrechnungen:

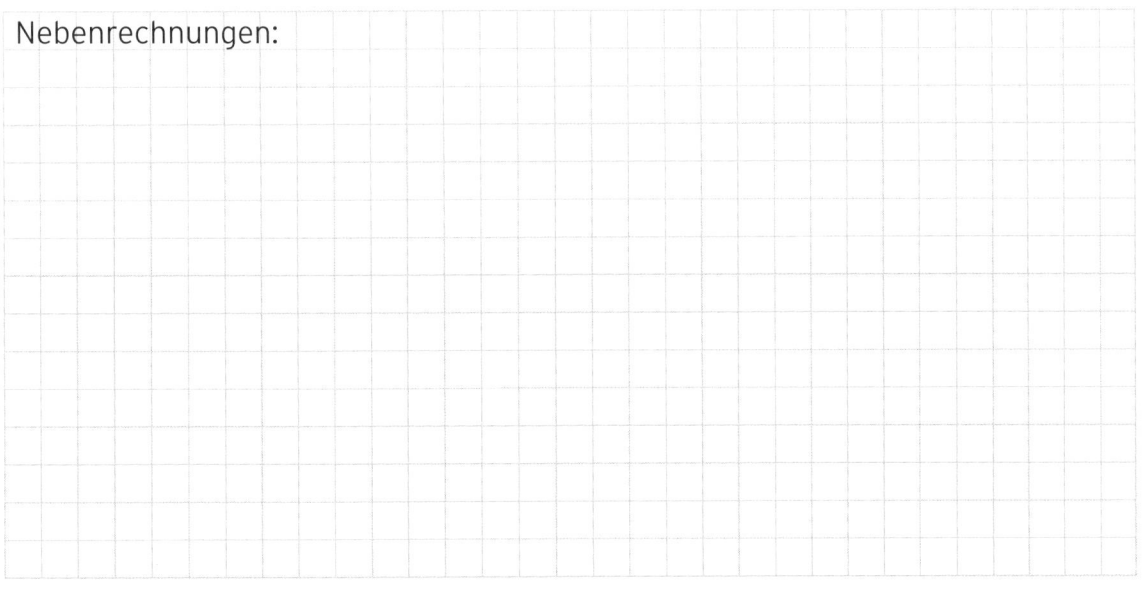

Zusammengesetzter Körper

1 Berechnen Sie das Fassungsvermögens des Öltanks.

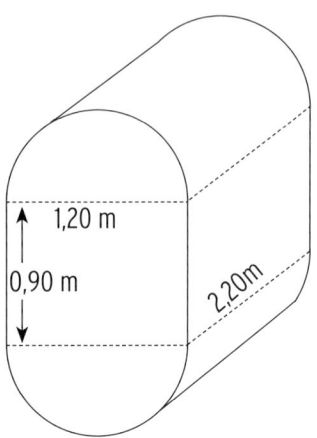

2

a) Berechnen Sie das Volumen und die Oberfläche des dargestellten Körpers.

Volumen:

Oberfläche:

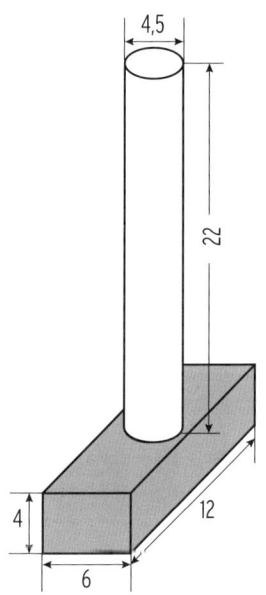

b) Der Hammerkopf wiegt 2,5 kg. Stimmt das, wenn ein cm^3 Eisen 8 g wiegt?

6 Sinus, Kosinus und Tangens

$$\sin \alpha = \frac{\text{Gegenkathete von } \alpha}{\text{Hypotenuse}}$$

$$\cos \alpha = \frac{\text{Ankathete von } \alpha}{\text{Hypotenuse}}$$

$$\tan \alpha = \frac{\text{Gegenkathete von } \alpha}{\text{Ankathete von } \alpha}$$

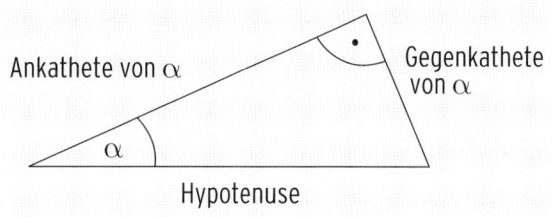

1 Berechnen Sie die Winkel mithilfe von Sinus.

Abb. 1   Abb. 2

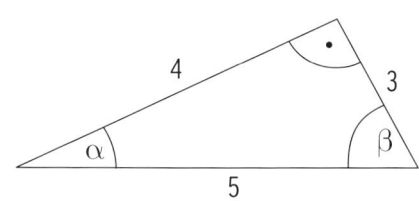   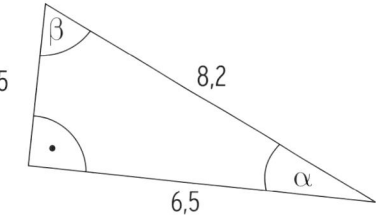

2 Berechnen Sie die Winkel unter Verwendung von Kosinus.

Abb. 3   Abb. 4

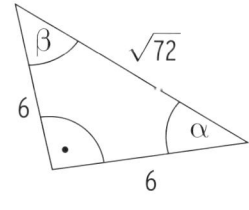   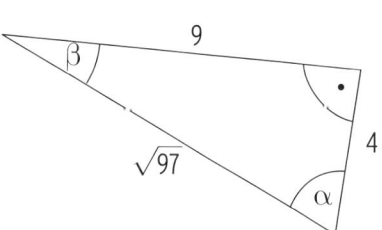

3 Berechnen Sie die Winkel unter Verwendung von Tangens.

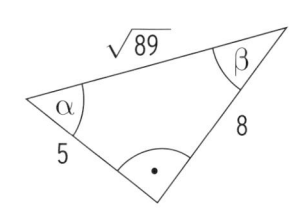   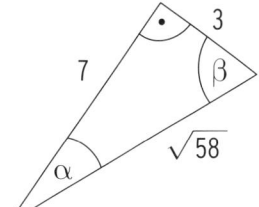

57

8 Bohner u.a. ISBN 978-3-8120-2119-7

4 Berechnen Sie die unbekannten Größen.

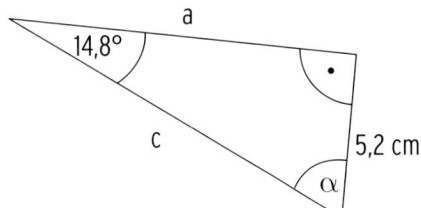
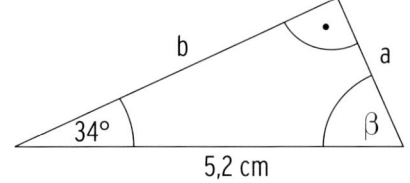

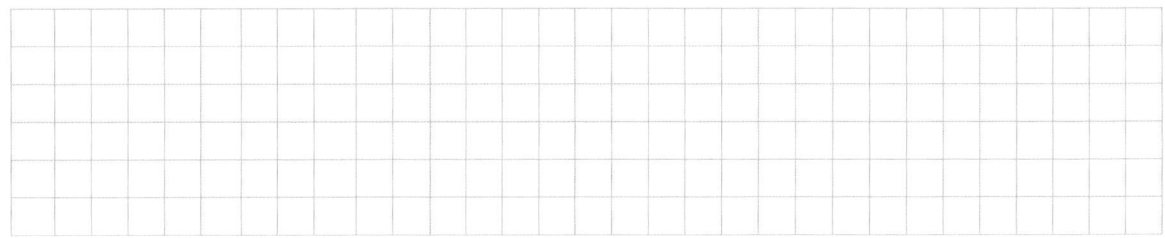

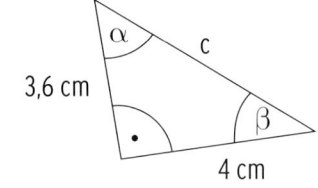
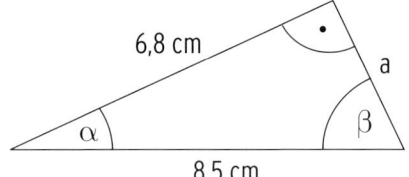

5 Füllen Sie die Tabelle für ein rechtwinkliges Dreieck aus (γ = 90 °).

a	b	c	α	β	Nebenrechnungen
		5,4 dm	56,5°		
3,6 cm	2,7 cm				
1,6 m		4,2 m			
7,2 dm				26,2°	

6 Eine Fichte wirft einen 12 m langen Schatten. Die Sonnenstrahlen treffen

dabei unter einem Winkel von 16° auf die Erde. Wie hoch ist die Fichte?

IV Wahrscheinlichkeitsrechnung

1 Zufallsexperimente und Ereignisse

Zufallsexperimente

1 Stellen Sie das Zufallsexperiment durch ein Baumdiagramm dar und geben Sie die zugehörige Ergebnismenge S an. In einer Urne befinden sich eine blaue, eine rote und eine grüne Kugel. Es werden zwei Kugeln nacheinander gezogen.

Gezogene Kugeln werden nicht zurück-gelegt.	Gezogene Kugeln werden zurückgelegt.
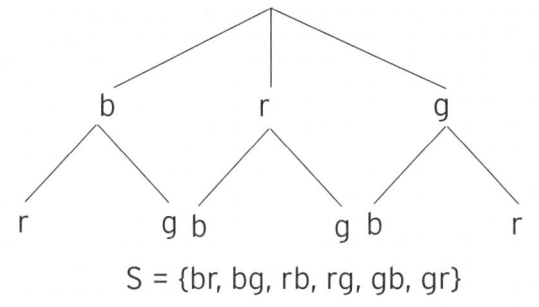 S = {br, bg, rb, rg, gb, gr}	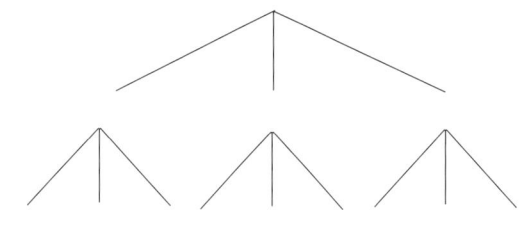
Nur falls eine gezogene Kugel blau ist, wird diese zurückgelegt.	Nur falls eine gezogene Kugel nicht rot ist, wird diese zurückgelegt.
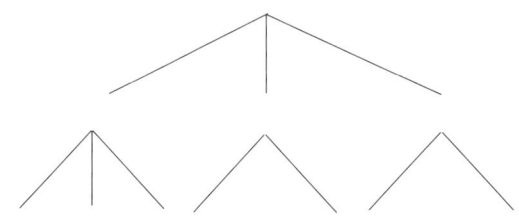	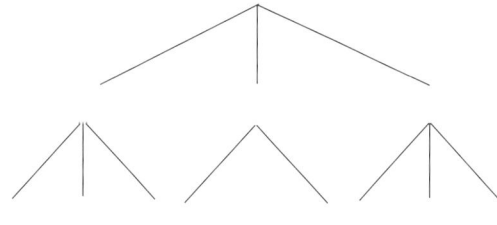
Gezogene Kugeln werden zurückgelegt. Es interessiert nur, ob die gezogenen Kugeln rot sind oder nicht. Bezeichung: r - rot; $\bar{r}$ - nicht rot	Gezogene Kugeln werden nicht zurückge-legt. Es interessiert nur, ob die gezogenen Kugeln blau sind oder nicht. Bezeichung: b - blau; $\bar{b}$ - nicht blau
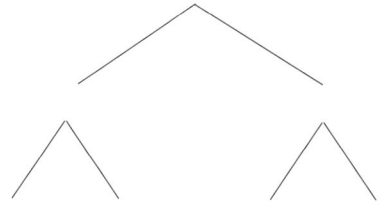	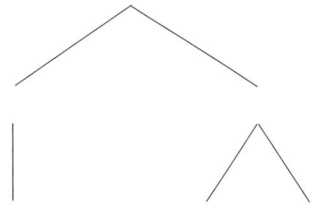

2 Stellen Sie das Zufallsexperiment durch ein Baumdiagramm dar und geben Sie die zugehörige Ergebnismenge S an.

Ein Basketballspieler hat 2 Freiwürfe. Er interessiert sich für die Anzahl der Treffer. T: Treffer $S = \{TT, T\overline{T}, \overline{T}\,T, \overline{T}\,\overline{T}\}$	Ein Stapel aus 4 Karten enthält zwei Asse, eine Dame und einen König. Lara hebt zwei Karten ab.
In einer Obstschale sind je 3 Äpfel und Bananen. Stefan hat Hunger und entnimmt eine Frucht. Nur wenn er einen Apfel zieht, greift er nochmals zu.	Der Download einer App funktioniert, oder eben nicht. Mira versucht es zweimal.

3 Die gegebenen Zufallsexperimente sollen über Ziehungen aus Urnen modelliert werden. Wie sollten die Kugeln hierzu beschriftet werden? Sollten die Ziehungen mit Zurücklegen oder ohne Zurücklegen stattfinden?

Zufallsexperiment	Kugeln	Mit ZL / ohne ZL
Ein Kartenstapel enthält 4 Herz-Karten und 2 Karo-Karten. Es werden Karten abgehoben.		☐ mit ☐ ohne
Ein Würfel wird mehrmals geworfen.		☐ mit ☐ ohne
Ein Glücksrad mit 3 roten und 2 blauen Feldern wird gedreht.		☐ mit ☐ ohne
Ein Bogenschütze trifft 75 % der Schüsse. Er schießt mehrmals.		☐ mit ☐ ohne
In einer Lostrommel befinden sich 5 Gewinnlose, 5 Trostpreise und 20 Nieten. Mara kauft 3 Lose.		☐ mit ☐ ohne
Es befinden sich 10 Teile in einem Karton, von denen 3 defekt sind. Aus dem Karton werden Teile entnommen.		☐ mit ☐ ohne

4 In einer Urne befinden sich 2 rote Kugeln und 1 blaue Kugel. Schließen Sie von den bekannten Informationen auf Eigenschaften der durchgeführten Zufallsexperimente.

Über das Zufalls-experiment ist bekannt:	Anzahl gezogener Kugeln	Mit/ohne Zurücklegen (ZL) Mit/ohne Beachtung der Reihenfolge (BR)		
S = {rb, rr, br}		☐ mit ZL ☐ mit BR	☐ ohne ZL ☐ ohne BR	
S = {rb, rr, bb, br}		☐ mit ZL ☐ mit BR	☐ ohne ZL ☐ ohne BR	
S = {rb, rr}		☐ mit ZL ☐ mit BR	☐ ohne ZL ☐ ohne BR	
S = {rb, br, bb}		☐ mit ZL ☐ mit BR	☐ ohne ZL ☐ ohne BR	

5 Ein Würfel wird zweimal geworfen. Sollten die "Ziehungen" mit Beachtung oder ohne Beachtung der Reihenfolge stattfinden?

Zufallsexperiment	Mit/ohne Beachtung der Reihenfolge	
Die Augensumme ist 7.	☐ mit	☐ ohne
Der erste Wurf zeigt eine 6.	☐ mit	☐ ohne
Es werden die Augenzahlen 1 oder 2 gewürfelt.	☐ mit	☐ ohne
Der Würfel zeigt eine Eins.	☐ mit	☐ ohne
Der Würfel zeigt aufsteigende gerade Augenzahlen.	☐ mit	☐ ohne
Der Würfel zeigt zwei gleiche Augenzahlen.	☐ mit	☐ ohne
Der zweite Wurf zeigt eine 1.	☐ mit	☐ ohne
Der Würfel zeigt eine 6, danach eine 2.	☐ mit	☐ ohne

Ereignisse

1 Ein Würfel wird ein Mal geworfen und die Augenzahl wird notiert. Die Ereignisse A bis I sind in Worten beschrieben. Ordnen Sie jedem Ereignis die zugehörige Mengenschreibweise zu, indem Sie diese mit den Buchstaben A bis I benennen.

A: Eine ungerade Zahl	= {1, 2, 3, 4}
B: Eine größere Zahl als 2	= {2, 3, 5}
C: Höchstens die Zahl 4	= {1, 2}
D: Mindestens 4	= { }
E: Eine Primzahl	= {1, 2, 3, 4, 5, 6}
F: Höchstens eine 6	= {4, 5, 6}
G: Kleiner 3	= {3, 4, 5, 6}
H: Gegenereignis von E	= {1, 4, 6}
I: Die Zahl 8	= {1, 3, 5}

2 Eine Münze wird zweimal geworfen.

a) Geben Sie die Ergebnismenge an: S =

b) Beschreiben Sie die Ereignisse in Worten bzw. in Mengenschreibweise.

A= {ww, zz}	A: Nur Wappen oder nur Zahl
B = { }	B: Im zweiten Wurf Wappen
C= { }	C: Mindestens einmal Zahl
D = $\overline{C}$	D =
E: genau ein Mal Zahl	E =
F = $\overline{E}$	F =

3 Drei blaue und sieben grüne Bälle liegen in einer Kiste. Ein Besucher entnimmt 2 Bälle nacheinander ohne Zurücklegen aus der Kiste. Geben Sie in Mengenschreibweise an.

A: Der zweite Ball ist grün.	A = {bg, gg}
B: Mindestens ein Ball ist blau.	B =
C: Beide Bälle haben die gleiche Farbe.	C =
D: Höchstens ein Ball ist blau.	D =
E: Höchstens zwei Bälle sind grün.	E =

2 Wahrscheinlichkeit

1 Liegt ein Laplace-Experiment vor?

a) Eine verbeulte Münze wird geworfen. ☐ ja ☐ nein

b) Ein Würfel wird geworfen ☐ ja ☐ nein

c) Aus einer Urne mit 3 roten und 4 blauen Kugeln wird eine
    Kugel gezogen. ☐ ja ☐ nein

d) Das Ziehen eines Loses auf einem Jahrmarkt. Es interessiert,
    ob ein Gewinn oder eine Niete gezogen wurde. ☐ ja ☐ nein

e) Ein Radiergummi (keine Würfelform) fällt vom Tisch.
    Es interessiert, ob die markierte Seite nach oben zeigt. ☐ ja ☐ nein

2 In einem Stapel aus 13 Karten befinden sich 3 Asse, 2 Buben und ein König.
   Ein Spieler hebt eine Karte ab.

a) Mit welcher Wahrscheinlichkeit erhält er ein Ass? P =

b) Mit welcher Wahrscheinlichkeit erhält er einen König? P =

c) Mit welcher Wahrscheinlichkeit erhält er keinen Buben? P =

d) Mit welcher Wahrscheinlichkeit erhält er ein Ass oder einen König? P =

e) Mit welcher Wahrscheinlichkeit erhält er kein Ass oder einen Buben? P =

3 Stellen Sie das Zufallsexperiment durch ein Baumdiagramm mit Wahrscheinlichkeitsangaben dar. Berechnen Sie die Wahrscheinlichkeit P.

a) In einer Keksdose befinden sich
   7 Vollkornkekse und 3 Nusskekse.
   Adrian entnimmt ohne hinzuschauen
   2 Kekse.
   Baumdiagramm:

   V: Vollkornkekse

   N: Nusskekse

   P(VV) =

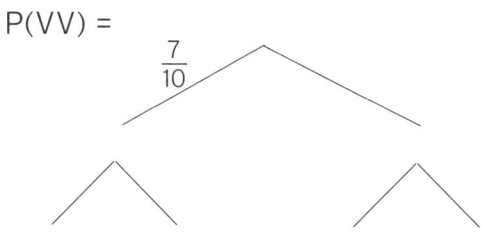

b) Bei einer Polizeikontrolle sind üblicher-
   weise 15 % der Fahrer alkoholisiert.
   Es werden 2 Autos kontrolliert.
   Baumdiagramm:

   a: Fahrer ist alkoholisiert

   $\overline{a}$: Fahrer ist nicht alkoholisiert

   P(a $\overline{a}$) =

4 Zeichnen Sie Baumdiagramme und berechnen Sie die Wahrscheinlichkeiten.

a) Kirem trifft einen Elfmeter mit einer Wahrscheinlichkeit von 70 %. Er schießt zwei Elfmeter nacheinander. Mit welcher Wahrscheinlichkeit trifft er beide Elfmeter?

Baumdiagramm:

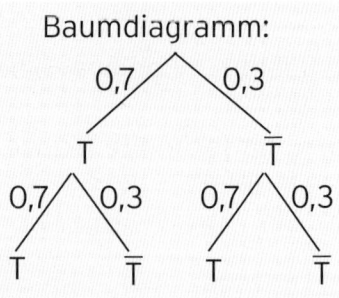

$P(TT) = 0{,}7 \cdot 0{,}7 = 0{,}49$

Mit welcher Wahrscheinlichkeit trifft er genau einen Elfmeter?

$P(T\,\overline{T}) + P(\overline{T}\,T) = 0{,}7 \cdot 0{,}3 + 0{,}3 \cdot 0{,}7 = 0{,}42$

Mit welcher Wahrscheinlichkeit trifft er mindestens einen Elfmeter?

$P = 1 - P(\overline{T}\,\overline{T}) = 1 - 0{,}3 \cdot 0{,}3 = 1 - 0{,}09 = 0{,}91$ oder $P = 0{,}49 + 0{,}42 = 0{,}91$

b) In einer Urne befinden sich 7 blaue und 3 rote Bonbons. Mara darf zwei Bonbons entnehmen.

Baumdiagramm:

Mit welcher Wahrscheinlichkeit entnimmt sie zwei rote Bonbons?

Mit welcher Wahrscheinlichkeit entnimmt sie mindestens ein rotes Bonbon?

Mit welcher Wahrscheinlichkeit entnimmt sie erst ein rotes und dann ein blaues Bonbon?

Mit welcher Wahrscheinlichkeit entnimmt sie ein rotes und ein blaues Bonbon?

c) Eine Rubbelkarte enthält 25 mit einer undurchsichtigen Schicht überzogene Felder, von welchen 10 Gewinne und 15 Nieten sind. Daniela rubbelt 2 Felder auf.

Baumdiagramm:

Mit welcher Wahrscheinlichkeit hat sie genau ein Gewinnfeld aufgerubbelt?

Mit welcher Wahrscheinlichkeit hat sie zwei Nieten?

Mit welcher Wahrscheinlichkeit rubbelt sie höchstens eine Niete auf?

d) Zwei Glücksräder, deren Einzelsektoren alle gleich groß sind, werden gleichzeitig gedreht. Das eine Glücksrad hat 2 rote und 4 blaue Felder. Das andere Glücksrad hat 2 rote, 2 grüne und 3 blaue Felder. Mit welcher Wahrscheinlichkeit bleiben beide Glücksräder auf rot stehen?

Baumdiagramm:

Mit welcher Wahrscheinlichkeit erhält man zuletzt die Farbe grün?

Mit welcher Wahrscheinlichkeit erhält man nicht zwei mal die gleiche Farbe?

e) In einem Stapel aus 10 Karten befinden sich 5 Asse, 3 Könige und 2 Damen. Ein Spieler hebt zwei Karten ab. Berechnen Sie die Wahrscheinlichkeiten der folgenden Ereignisse.

Baumdiagramm:

E_1: Der Spieler erhält genau 2 Asse.

E_2: Der Spieler erhält genau ein Ass.

E_3: Der Spieler zieht keinen König.

Baumdiagramm:

E_4: Der Spieler erhält höchstens zwei Könige.

f) In einer Urne befinden sich eine blaue, eine rote und eine grüne Kugel. Es werden zwei Kugeln gezogen. Nur falls eine gezogene Kugel blau ist, wird diese zurückgelegt. Berechnen Sie die Wahrscheinlichkeiten der folgenden Ereignisse.

Baumdiagramm:

A: Man zieht zwei mal die gleiche Farbe.

B: Im zweiten Zug erhält man die Farbe grün.

9 Bohner u.a. ISBN 978-3-8120-2119-7

3 Erwartungswert

1 Ein Elektronikbetrieb produziert Speicherchips. Die Chips werden in zwei Produktionsstufen hergestellt. Die Fehlerwahrscheinlichkeit in jeder Produktionsstufe beträgt 20 %.

a) Geben Sie ein Baumdiagramm an.

F: fehlerhaft; $\overline{F}$: nicht fehlerhaft

b) Geben Sie die Wahrscheinlichkeitsverteilung für die Anzahl der Fehler an. Bestimmen Sie den Erwartungswert für die Anzahl der Fehler.

Ergebnisse	$\overline{F}\,\overline{F}$		
Anzahl der Fehler	0		
P	$0{,}8 \cdot 0{,}8$ $= 0{,}8^2 = 0{,}64$		

Erwartungswert:

2 Bei einem Spiel wird zweimal gewürfelt.

a) Für jede gewürfelte 5 bekommt der Spieler 2 EUR ausbezahlt. Ansonsten erhält der Spieler nichts. Geben Sie die Wahrscheinlichkeitsverteilung für die Auszahlung an. Wie viel bekommt der Spieler im Durchschnitt pro Spiel ausbezahlt?

Ergebnisse			
Auszahlung			
P			

b) Falls bei beiden Würfen die gleiche Augenzahl erscheint, bekommt der Spieler die Summe der Augenzahlen ausbezahlt. Ansonsten erhält der Spieler nichts.
Geben Sie die Wahrscheinlichkeitsverteilung für die Auszahlung an.
Bestimmen Sie den Erwartungswert.

Ergebnisse					
Auszahlung					
P					

Erwartungswert:

3 Die Jugendabteilung eines Fußballvereins veranstaltet ein Torwandschießen mit zwei
  Schüssen: erst ein Schuss auf das untere Loch, dann ein Schuss auf das obere.
  Dabei nimmt sie für dieses Spiel eine Trefferwahrscheinlichkeit von 0,18 für das untere
  Loch und 0,12 für das obere Loch an.

a) Zeichnen Sie ein geeignetes
   Baumdiagramm und berechnen
   Sie die Wahrscheinlichkeiten
   aller Spielausgänge.

b) Daniela möchte ein Spiel wagen und bezahlt 1 €. Für einen Treffer erhält Daniela
   2 €, für zwei Treffer 10 €, ohne Treffer ist der Einsatz verloren.
   Geben Sie die Wahrscheinlichkeitsverteilung für den Gewinn von Daniela an.

Ergebnisse			
Gewinn			
P			

c) Bestimmen Sie den Erwartungswert für den Gewinn von Daniela.
   Erläutern Sie, welche Aussagekraft dieser Wert für Daniela hat. Ist das Spiel fair?

d) Berechnen Sie, wie viele Spiele die Jugendabteilung mindestens anbieten muss,
   um einen erwarteten Gewinn von 100 € zu erzielen.

4 Bei einem Fest darf man gegen den Einsatz von 2 € ein Glücksrad ein Mal drehen. Bei „Grün" erhält der Spieler 7 € ausbezahlt, bei „Blau" 2 € und bei „Rot" keine Auszahlung.

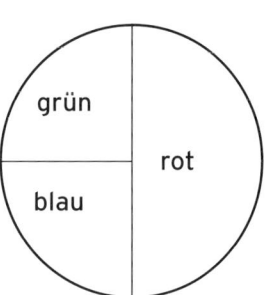

a) Geben Sie die Wahrscheinlichkeitsverteilung für den Gewinn eines Spielers an.

Ergebnisse			
Gewinn			
P			

b) Bestimmen Sie den durchschnittlichen Gewinn eines Spielers.

c) Welche Information erhält der Besucher hierdurch?

5 Eine Losbude, welche Lose für 3 EUR verkauft, wirbt: „Jedes Los gewinnt! Auszahlungen bis zu 100 EUR!" Auf Nachfrage teilt der Besitzer der Losbude mit, dass 75 % der Lose zu einer Auszahlung von 1 EUR führen, 24 % der Lose zu einer Auszahlung von 2 EUR führen und nur 1 % der Lose zu einer Auszahlung von 100 EUR führen.

a) Bestimmen Sie den Erwartungswert der Auszahlung pro Los.

b) Pro Tag werden durchschnittlich 350 Lose verkauft.

Mit welchem Tagesgewinn kann die Losbude rechnen?

c) Zukünftig will der Besitzer der Losbude mit Auszahlungen von bis zu 160 EUR werben. Auf welchen Wert muss er die geringstmögliche Auszahlung pro Los senken, wenn er den zu erwartenden Gewinn pro Los beibehalten will.

V Geraden

1 Ursprungsgeraden

Die Gleichung einer Ursprungsgeraden lautet:

$$y = \ m \cdot x$$

Steigung

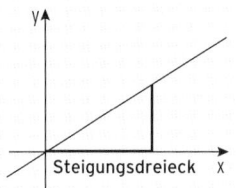

1 Füllen Sie die Wertetabelle aus und zeichnen Sie die Gerade ein.

$y = 1{,}5x$

x	− 2	− 1	0	1	2
y					

$y = -\frac{1}{2}x$

x	− 2	− 1	0	1	2
y					

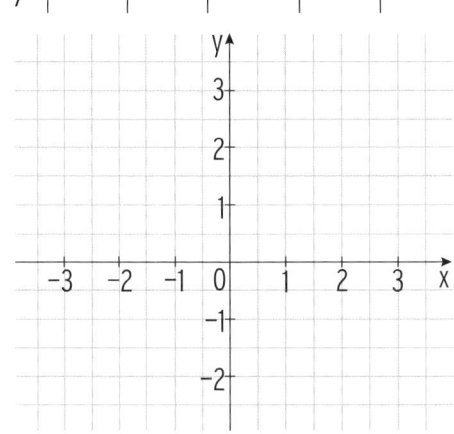

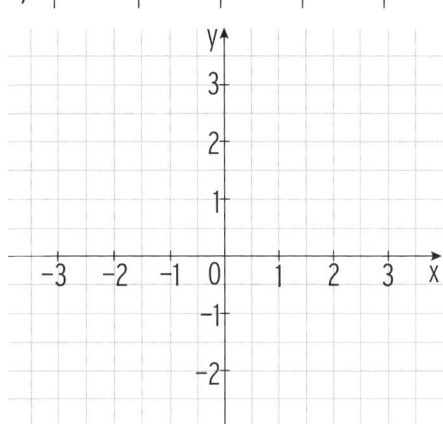

2 Bestimmen Sie einen Punkt auf der Ursprungsgeraden und zeichnen Sie diese

Gerade ein.

A: $y = -\ 2x$

B: $y = \frac{1}{3}x$

C: $y = -\frac{2}{3}x$

A: $y = 2{,}5x$

B: $y = \frac{5}{2}x$

C: $x + 3y = 0$

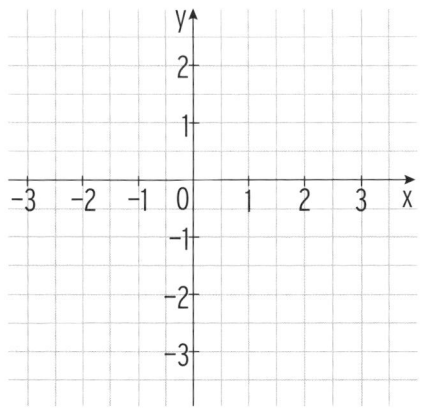

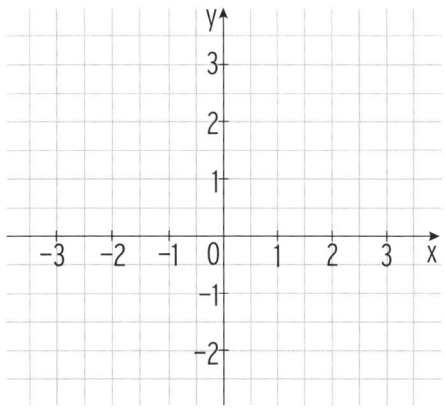

3 Zeichnen Sie die Ursprungsgerade mithilfe der Steigung.

A: $y = 1{,}25x$ A: $y = 0$

B: $y = -\dfrac{7}{4}x$ B: $x - y = 0$

C: $y = -\dfrac{4}{3}x$ C: $x + y = 0$

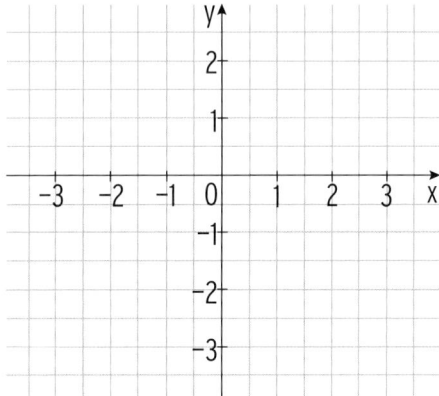
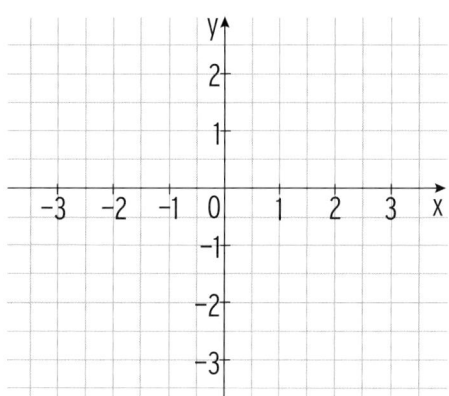

4 Zeichnen Sie die Geraden mithilfe eines Steigungsdreiecks.

A: $y = -2x$ A: $y = 2{,}5x$

B: $y = \dfrac{1}{3}x$ B: $y = \dfrac{5}{2}x$

C: $y = -\dfrac{2}{3}x$ C: $2y + 3x = 0$

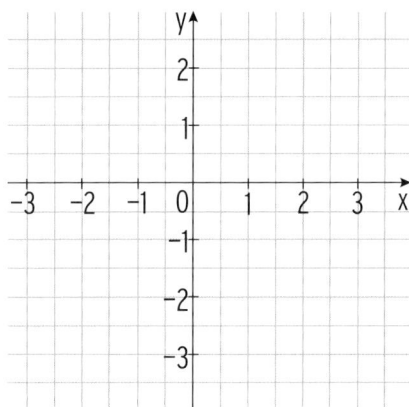
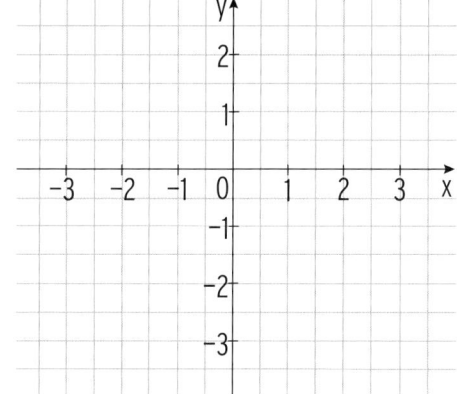

5 Ordnen Sie jeder Geraden eine Steigung zu.

g_2: $m = -2$

g_6: $m = 1{,}75$

g_3: $m = -2{,}2$

g_1: $m = -0{,}2$

g_4: $m = 4$

g_5: $m = 2$

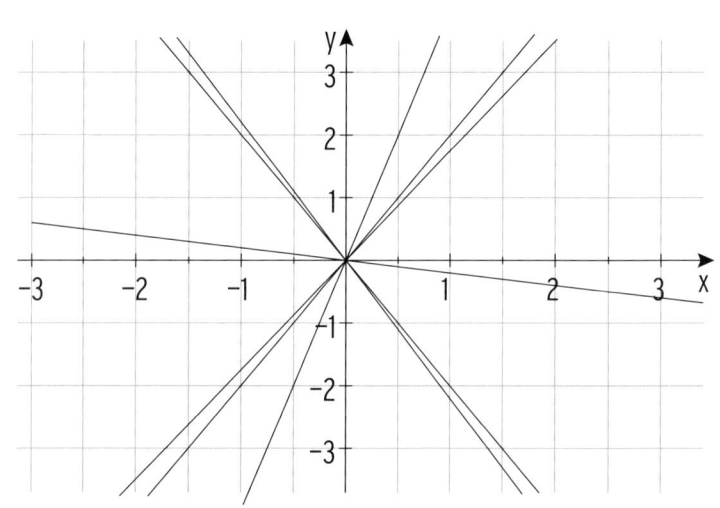

6 Ordnen Sie zu, indem Sie die Geraden beschriften.

A: $y = -x$ B: $y = 1{,}5x$ C: $y = x$ \qquad A: $y = \frac{2}{3}x$ B: $y = -\frac{3}{2}x$ C: $y = -3x$

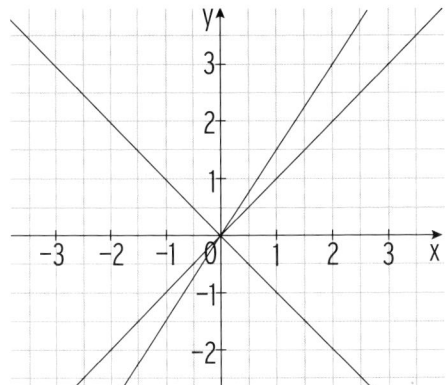
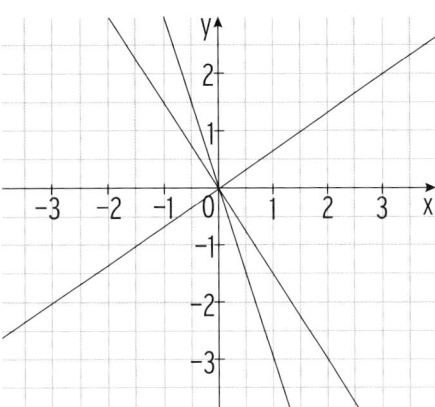

7 Geben Sie die Gleichungen der Geraden an.

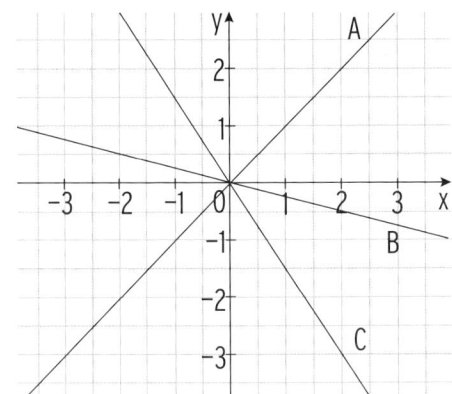
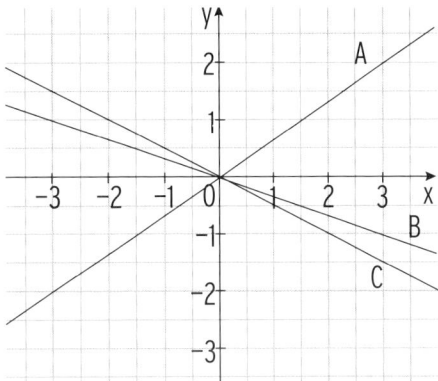

A: \hspace{8cm} A:

B: \hspace{8cm} B:

C: \hspace{8cm} C:

8   Untersuchen Sie, ob der Punkt P auf der Geraden g liegt.

g: $y = \frac{3}{4}x$; P(2 | 1,5) \qquad Punktprobe: $1{,}5 = \frac{3}{4} \cdot 2$ ergibt $1{,}5 = \frac{3}{2}$ wahr

P liegt auf g.

g: $y = -\frac{2}{3}x$; P(−4 | 1,6)

g: $y = 0{,}25x$; P(−2 | −0,5)

g: $y = 18x$; P(0,3 | 5,4)

9   Bestimmen Sie m so, dass der Punkt P auf der Geraden mit y = mx liegt
    (wenn möglich).

P(4 | 5) m = $\frac{5}{4}$	P(− 6 | 0)
P(− 4 | 1)	P(7 | 1,5)
P(− 1 | − 5)	P(− 6 | 2)
P(0,3 | 2,5)	P(0 | 3)

10 Beantworten Sie die Fragen.

Liegt P(−4|−12) auf der Geraden g: y = 3x?	
Wie unterscheiden sich die Geraden mit den Steigungen 2 und − 2?	
Die Gerade y = mx geht nie durch (0 | 1)?	
Ist die Gerade g: y = 2x steiler als die Gerade h: y = 0,5x?	

11 Eine Ursprungsgerade mit der Gleichung y = mx beschreibt den Zusammenhang.
   Geben Sie die Geradengleichung an.

2 Liter Cola kosten 1,30 €.	y = 0,65x; x in Liter; y in €
9 Äpfel kosten 1,80 €.	
4 Holzlatten sind zusammen 6 m lang.	
20 m² Teppichboden kosten 280 €.	
4 Eier vom Bauer wiegen 248 g.	
Ein Auto legt bei gleichbleibender Geschwindigkeit in 0,5 h 42 km zurück.	

2 Geraden mit der Gleichung y = mx + b

Die allgemeine Geradengleichung in Hauptform lautet:

$$y = m \cdot x + b$$

Steigung   y-Achsenabschnitt

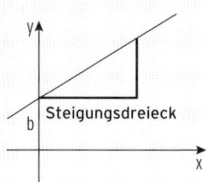

1   Bestimmen Sie zwei Geradenpunkte und zeichnen Sie die Gerade ein.

$y = 0{,}5x - 1$

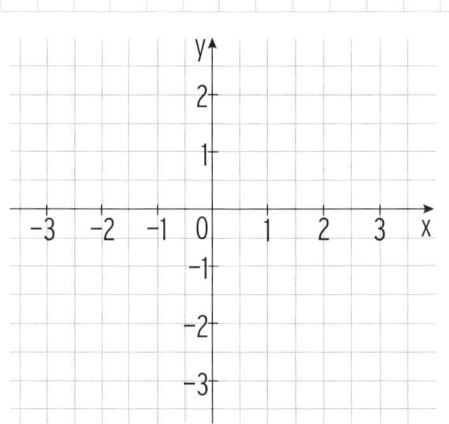

$y = -1{,}5x + 0{,}5$

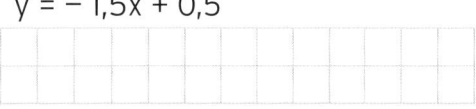

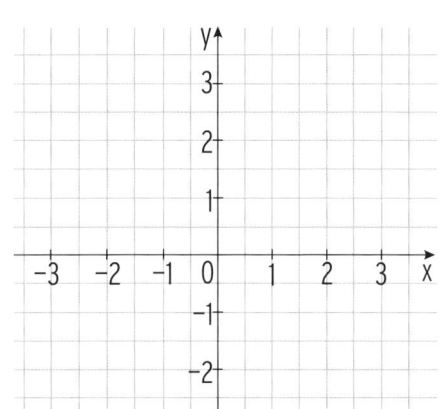

2   Zeichnen Sie die Geraden mithilfe eines Steigungsdreiecks.

A: $y = 2x - 1$ B: $y = \frac{2}{3}x - \frac{1}{2}$ C: $y = x + 1$

A: $y = 2 - x$ B: $y = -\frac{5}{2}x$ C: $y = \frac{3}{2}x - \frac{3}{2}$

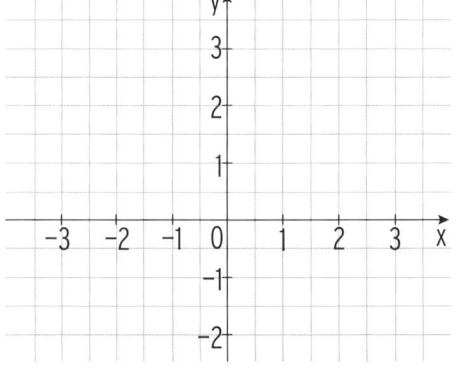

A: $y = -1$ B: $y = \frac{4}{3}x + 1$ C: $y = \frac{1}{2}x + 1$

A: $y = 3 + \frac{2}{3}x$ B: $y + 1 = x$ C: $2y = -x$

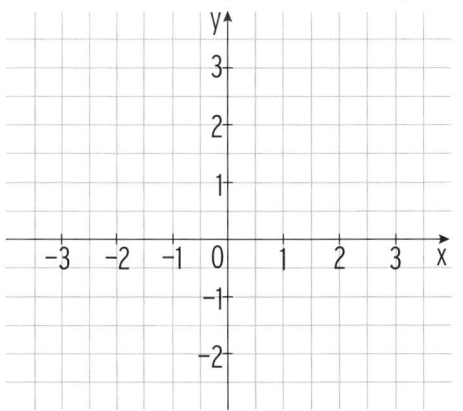

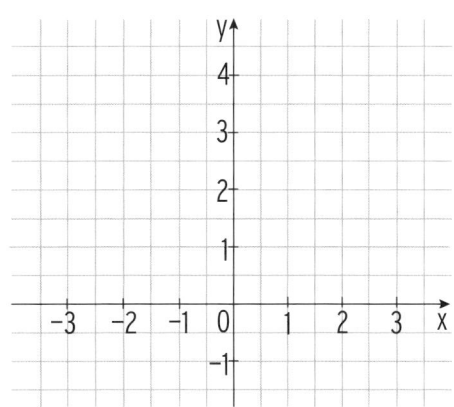

73

10 Bohner u.a. ISBN 978-3-8120-2119-7

3 Ordnen Sie zu, indem Sie die Geraden beschriften.

A: $y = -x - 1$ A: $y = \frac{1}{3}x - 2$

B: $y = 2{,}5x - 1$ B: $y = 3x$

C: $y = x + 0{,}5$ C: $y = 3x - 2$

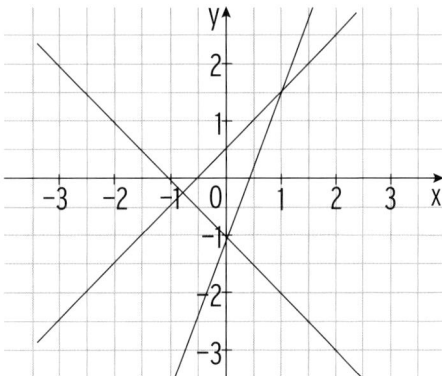   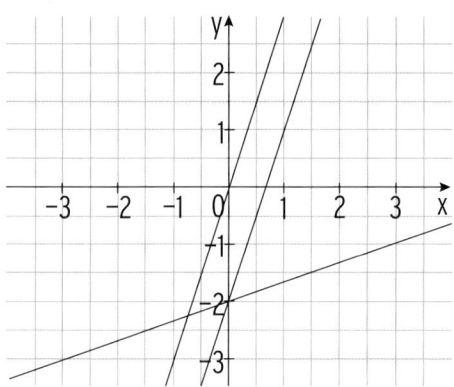

4 Geben Sie die Gleichungen der Geraden an.

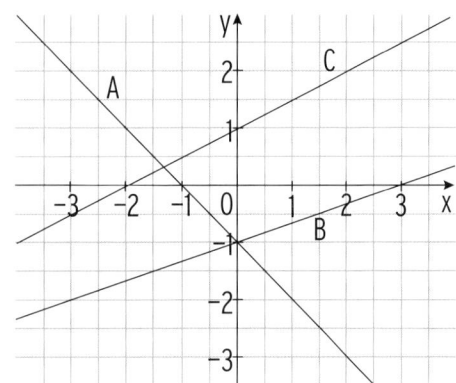   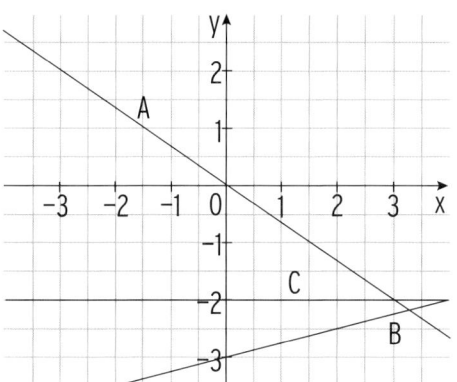

A: A:

B: B:

C: C:

5 Lösen Sie nach y auf und zeichnen Sie die Geraden ein.

A: $y + 2x - 1 = 0$

$y =$

Punkte:

B: $3y - 2x + 2 = 0$

$y =$

Steigung: $S_y($

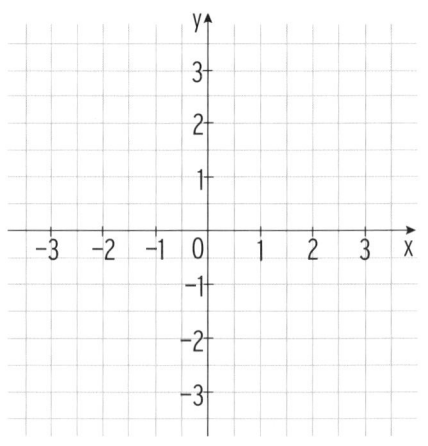

6   Ordnen Sie den Geraden g bis k jeweils eine Beschreibung zu.

Es ist die steilste Gerade.	☐
Die Gerade verläuft oberhalb der x-Achse.	☐
Der Punkt P($-$2 | 1) liegt auf der Geraden.	☐
Die Gerade ist parallel zur Geraden mit $y = -1{,}5x$.	☐
Die Gerade schneidet die x-Achse in $x_0 = -3$.	☐

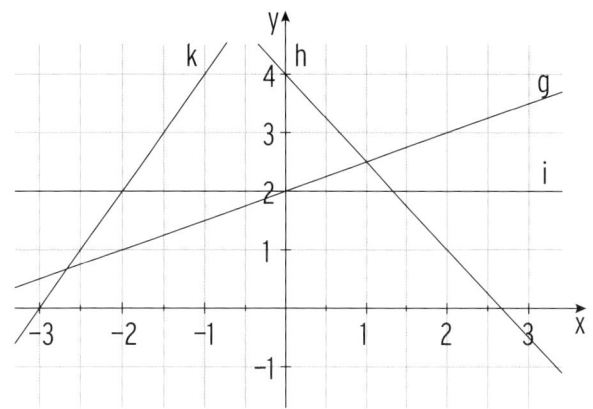

7   Kreuzen Sie an, welche der Punkte auf der Geraden liegen.

$y = 2x + 1$ ☐ $P_1 (3 | 4)$
☐ $P_2 (3 | 7)$

$y + 3x + 4 = 0$ ☐ $P_1 (3 | -13)$
☐ $P_2 (-3 | -5)$

$y = \frac{1}{2}x + \frac{3}{2}$ ☐ $P_1 (-1 | 1)$
☐ $P_2 (8 | \frac{11}{2})$

$y = \frac{2}{5}x - \frac{3}{5}$ ☐ $P_1 (5 | -\frac{7}{5})$
☐ $P_2 (5 | \frac{7}{5})$

8   Auf welcher Geraden liegt der Punkt P?

$P(-1 | 5)$	☐ $y = -3x - 1$	☐ $y = \frac{2}{3}x - 1$	☐ $y = 1 - 4x$
$P(\frac{3}{2} | 0)$	☐ $y = -3x - 1$	☐ $y = \frac{2}{3}x - 1$	☐ $y = 1 - 4x$
$P(2{,}4 | -8{,}2)$	☐ $y = -3x - 1$	☐ $y = \frac{2}{3}x - 1$	☐ $y = 1 - 4x$

9   Bestimmen Sie die fehlende Koordinate des Punktes P, sodass der Punkt P auf der gegebenen Geraden liegt.

$y = 3x - 1$ $P(4 | ...)$	$y = 3 \cdot 4 - 1 = 11$ $P(4 | 11)$	$y = -\frac{1}{2}x + 4$ $P(... | 1)$	
$y = 4x + 1$ $P(-1 | ...)$		$y = 0{,}25x - 5$ $P(... | 3)$	

10 Bestimmen Sie m bzw. b so, dass der Punkt P auf der Geraden g: y = mx + b liegt.

g: y = mx − 1; P(2 | − 3)	− 3 = m · 2 − 1 ergibt 2m = − 2 m = − 1
$y = -\frac{1}{2}x + b$; P(5 | 1)	
y = mx + 4; P(− 1 | 6)	
y = 0,5x + b; P(−4 | 3)	

12 Eine Gerade mit der Gleichung y = mx + b beschreibt den Zusammenhang.
Geben Sie die Geradengleichung an.

10 € Grundgebühr; Verbrauchsgebühr 0,22 $\frac{€}{kWh}$.	y = 0,22x + 10; x in kWh; y in €
20 € Grundgebühr; Leihgebühr: 3,50 €/Stunde	
65 Liter Tankinhalt; Verbrauch 8 Liter/Stunde	
560 Liter Tankinhalt; Füllung mit 45 Liter/min	
keine Grundgebühr; Jedes GB kostet 4 €.	
Schraubengewicht 25 g/Stück; Verpackungsgewicht 2,2 kg	
Fixkosten 120 €; Stückkosten 15 €	
Fahrtkosten: 2,50 € pro 2 km; Anfahrtskosten für das Taxi 3,60 €.	

3 Aufstellen von Geradengleichungen

1 Die Gerade g hat die Steigung m und verläuft durch den Punkt P.
   Ermitteln Sie ihre Gleichung.

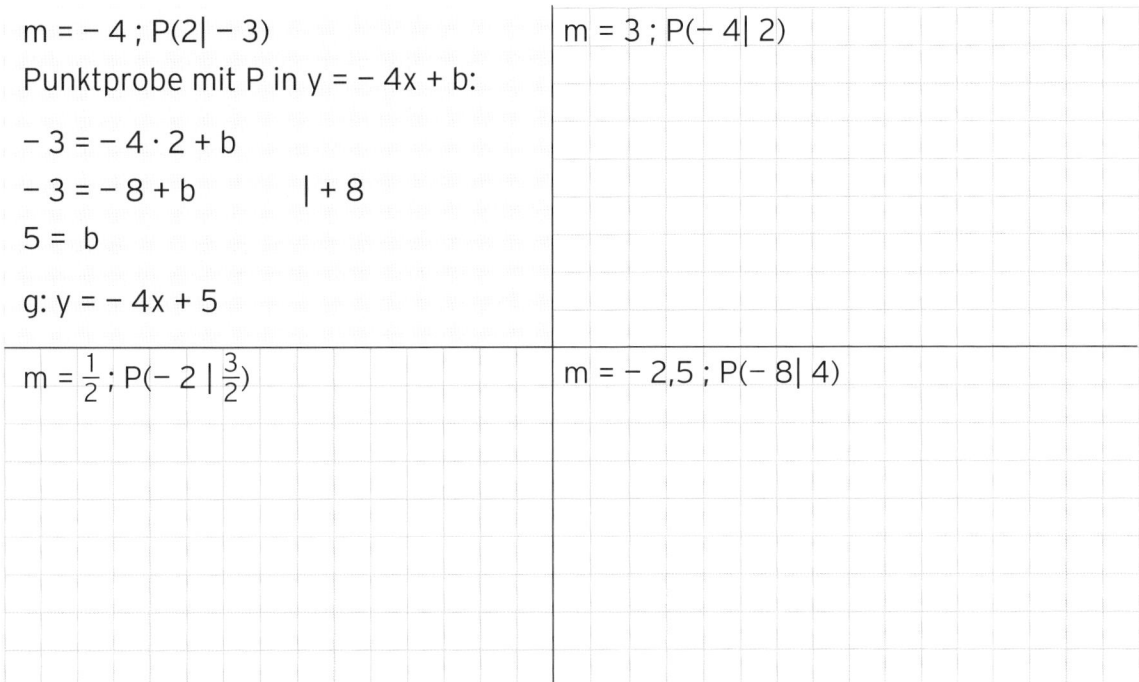

m = − 4 ; P(2| − 3)
Punktprobe mit P in y = − 4x + b:

− 3 = − 4 · 2 + b
− 3 = − 8 + b | + 8
5 = b

g: y = − 4x + 5

---

m = 3 ; P(− 4| 2)

$m = \frac{1}{2}$; $P(-2 \mid \frac{3}{2})$

---

m = − 2,5 ; P(− 8| 4)

2 Die Gerade g verläuft parallel zur Geraden h und durch den Punkt P.
   Bestimmen Sie die Gleichung von g.

Gerade h: $y = -\frac{3}{2}x - 4$; P(2| 4)

Steigung von g: $m = -\frac{3}{2}$

Punktprobe mit P in $y = -\frac{3}{2}x + b$:

$4 = -\frac{3}{2} \cdot 2 + b$

$4 = -3 + b$ | + 3
7 = b

Gleichung von g: $y = -\frac{3}{2}x + 7$

Gerade h: $y = -\frac{1}{2}x + 3$; P(− 1| 2)

Gerade h: $y = -3x + \frac{5}{4}$; P(− 8| − 8)

Gerade h: y = 2; P(3| 1)

3 Geben Sie jeweils eine Gleichung an.

Geraden-gleichung	Parallele Gerade durch (0 | 7)	Parallele Gerade durch (− 2| 0)
$y = \frac{3}{2}x - 2$		
$y = - 3x - 2$		
$y = 2,5x - 2$		
$y = 4$		
$y = \frac{9}{4}x - 2$		

4 Die Gerade g verläuft durch die Punkte P und Q. Bestimmen Sie ihre Gleichung.

P(2| − 3); Q(− 4| − 5)

$m = \frac{y_2 - y_1}{x_2 - x_1} = \frac{- 5 - (- 3)}{- 4 - 2}$

$m = \frac{- 2}{- 6} = \frac{1}{3}$

Punktprobe mit P in $y = \frac{1}{3}x + b$:

$- 3 = \frac{1}{3} \cdot 2 + b$

$- 3 = \frac{2}{3} + b \qquad | - \frac{2}{3}$

$- \frac{11}{3} = b$

Gleichung von g: $y - \frac{1}{3}x - \frac{11}{3}$

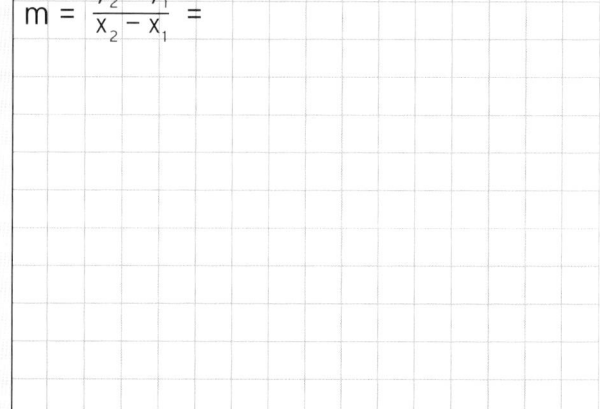

P(− 2| 5,5); Q(3 | − 6)

$m = \frac{y_2 - y_1}{x_2 - x_1} =$

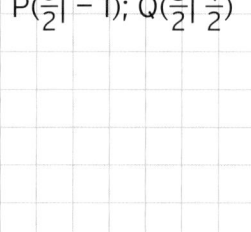

$P(\frac{3}{2}| - 1)$; $Q(\frac{5}{2}| \frac{1}{2})$

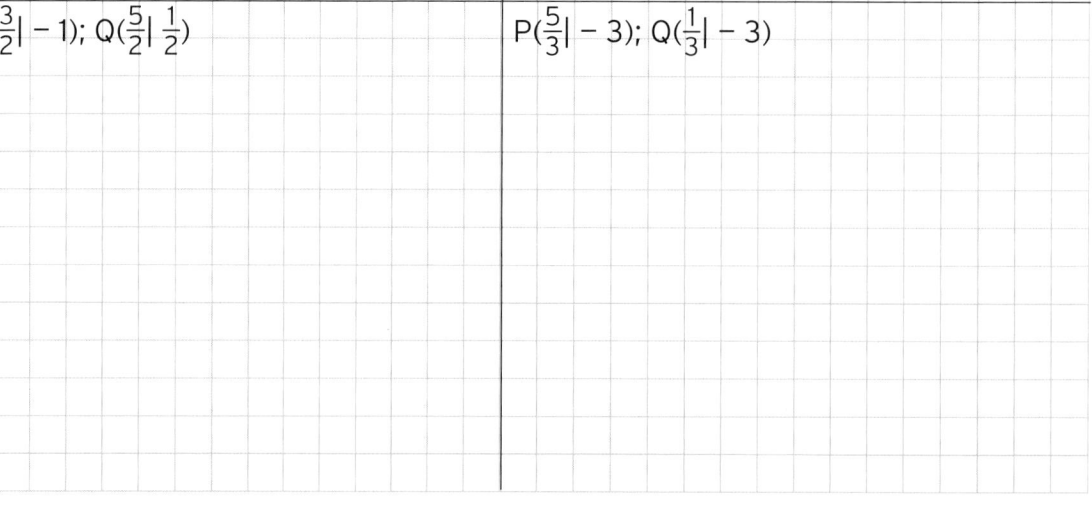

$P(\frac{5}{3}| - 3)$; $Q(\frac{1}{3}| - 3)$

4 Schnittpunkte

Schnittpunkte mit den Koordinatenachsen

1 Bestimmen Sie die Koordinaten der Schnittunkte von g mit den Koordinatenachsen.

g: $y = 5x + 2$
 	
mit der y-Achse:
Bed.: $x = 0$: $y = 5 \cdot 0 + 2 = 2$
 	
$S_y(0\mid 2)$
mit der x-Achse:
$y = 0$: $5x + 2 = 0$ $\mid -2$
                     $5x = -2$ $\mid : 5$
                      $x = -\frac{2}{5}$
$N(-\frac{2}{5}\mid 0)$
	g: $y = -x + 4$

g : $y = -\frac{6}{5}x + 3$	g: $y + 2x = 1$

2 Bestimmen Sie den Flächeninhalt des Dreiecks.

Geradengleichung aufstellen:

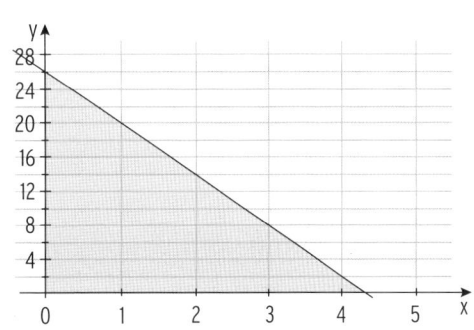

Achsenschnittpunkte:

Flächeninhalt berechnen:

Schnittpunkte zweier Geraden

1   Bestimmen Sie den Schnittpunkt der Geraden g und h.

g: $y = 5x + 2$ h: $y = -x + 4$	g: $y = -4x + 5$ h: $y = -3x + 3$
Gleichsetzen: $5x + 2 = -x + 4$ $\mid + x$	
$6x + 2 = 4$ $\mid - 2$	
$6x = 2$ $\mid : 6$	
$x = \frac{2}{6} = \frac{1}{3}$	
y-Wert: $y = -\frac{1}{3} + 4 = \frac{11}{3}$	
Schnittpunkt: $S(\frac{1}{3} \mid \frac{11}{3})$	
g: $y = -\frac{6}{5}x + 3$ h: $y = -2x - 1$	g: $y = \frac{2}{3}x - 1$ h: $2y - x + 8 = 0$

2   Gegeben sind die beiden Geraden g: $5y - x = 0$ und h: $y = -0,5x + 2$.

a) Zeichnen Sie die Geraden in das Koordinatensystem. Lesen Sie die Koordinaten des Schnittpunktes ab.

b) Berechnen Sie die Koordinaten des Schnittpunktes.

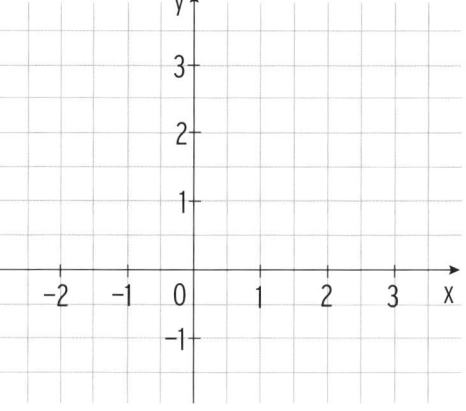

c) Eine zur Geraden g parallele Gerade durch (0 | 1) schneidet h in T. Berechnen Sie die Koordinaten von T.

3 Die Geraden g: y = $\frac{3}{5}$x + 1 und h: y = 6 begrenzen mit der y-Achse ein Dreieck.

Stellen Sie den Sachverhalt in einer Skizze dar.

Berechnen Sie den Flächeninhalt des Dreiecks.

4 Das Schaubild zeigt die Geraden g und h.

a) Bestimmen Sie die Geradengleichungen.

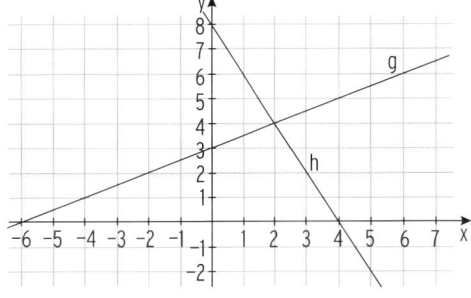

b) Die Geraden bilden zusammen mit den Koordinatenachsen ein Viereck. Bestimmen Sie

den Flächeninhalt des Vierecks. Kennzeichnen Sie das Viereck in der Abbildung.

c) Bestimmen Sie den Winkel, den die Gerade g mit der x-Achse bildet.

d) Geben Sie die Gleichung einer senkrechten sowie einer waagrechten Geraden an,

die beide durch den Schnittpunkt der Geraden g und h verlaufen.

11 Bohner u.a. ISBN 978-3-8120-2119-7

Vermischte Aufgaben

1   Gegeben ist die Gerade g: $y = -\frac{3}{2}x + \frac{3}{4}$.

Zeichnen Sie die Gerade g
in das Koordinatensystem.

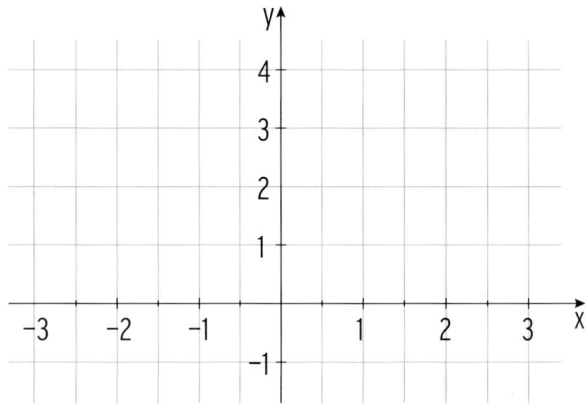

Der Gerade schneidet die y-Achse in P(0 |).

_____

$y = 0$

Die Gerade schneidet die x-Achse in P(| 0) .

Die Gerade begrenzt mit der x-Achse und der y-Achse ein Dreieck mit
dem Inhalt A =

_____

Die Gerade g verläuft durch den Punkt T(2 |).

_____

Die Gerade g verläuft durch den Punkt Q(| 1).

_____

Die Gerade h verläuft parallel zu g durch R(0 | − 6):

2   Wahr oder falsch?

Jede Gerade schneidet die x-Achse.	☐ w	☐ f
Jede Gerade schneidet die y-Achse.	☐ w	☐ f
Liegen auf der Geraden zwei Punkte mit positiven Koordinaten, so verläuft die Gerade steigend.	☐ w	☐ f
Der Punkt $P(-\frac{2}{5} | 0)$ liegt auf der Geraden $y = 5x + 2$.	☐ w	☐ f
Liegen auf der Geraden zwei Punkte mit gleichem y-Wert, so verläuft die Gerade parallel zur x-Achse.	☐ w	☐ f

3 Gegeben ist die Gerade g mit der Gleichung $y = \frac{1}{4}x - \frac{5}{4}$.

a) Welches der drei folgenden Schaubilder gehört zu g? Begründen Sie in den anderen
    Fällen, warum sie nicht passen.

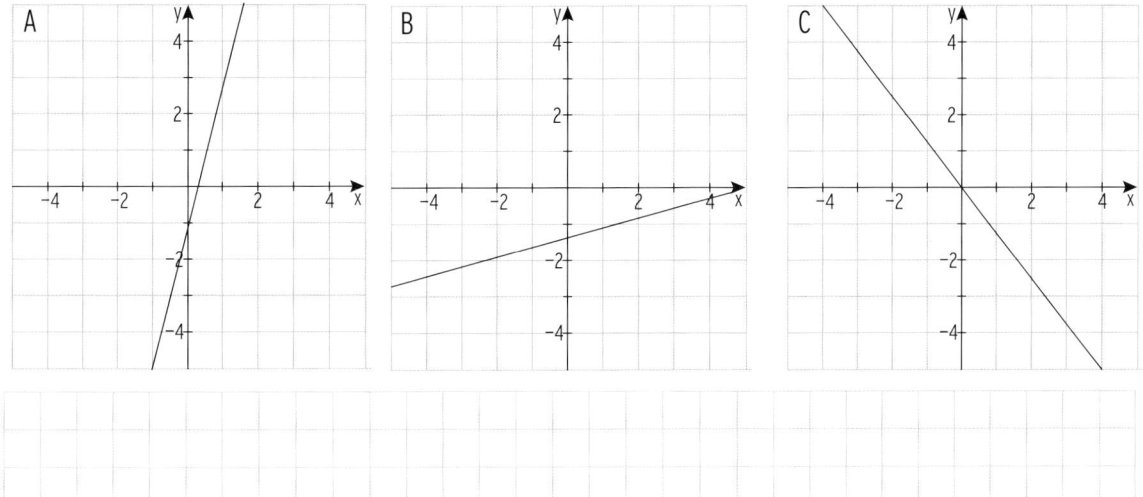

b) Prüfen Sie nach, ob der Punkt Q(18 | 3,25) auf g liegt.

c) Die Gerade h ist gegeben durch $y = -x + \frac{11}{4}$. Bei der Bestimmung des Schnittpunktes
    der Geraden g und h kommen Jan und Olga zu verschiedenen Ergebnissen:
    Jan: (5 | − 2,25); Olga: (3,2 | − 0,45).   Überprüfen Sie die Ergebnisse.

Jan:

Olga:

4 Die Gerade g geht durch die Punkte A(0 | 2) und B(− 4 | 0). Die Gerade h verläuft
   parallel zu g durch den Punkt C(0 | − 2).
   Zeichnen Sie g und h in dasselbe Koordinatensystem und geben Sie die
   Geradengleichungen an.

5   Kurt zahlt für eine Minute Telefonieren 9 Cent und eine monatliche Grundgebühr
von 4 €. Jana zahlt für eine Minute Telefonieren 7,5 Cent und eine monatliche Grundgebühr von 6,20 €.
Bei welcher Minutenzahl bezahlen beide gleichviel?

6   Eine Kerze brennt gleichmäßig ab.
Die Abbildung beschreibt den Abbrennvorgang (x in Minuten, y in cm).

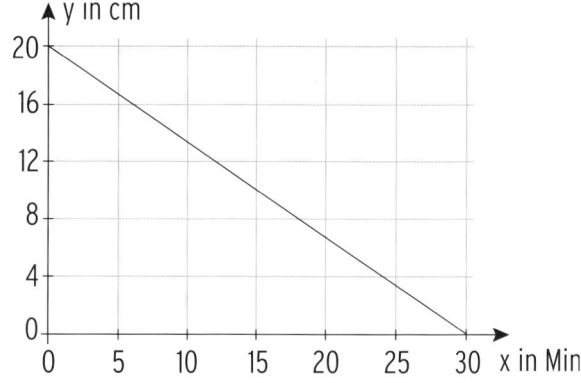

a) Wie hoch ist die Kerze zu Beginn?

b) Wie lange brennt die Kerze?

c) Wieviel cm brennen pro Minute ab?

d) Bestimmen Sie eine passende Gerade der Form $y = mx + b$.
Erläutern Sie die Bedeutung von m und b für die Situation.

e) Die Gerade verläuft durch den Punkt T(9 | ...). Bestimmen Sie den y-Wert und
erläutern Sie Ihr Ergebnis.

f) Die Gerade verläuft durch den Punkt T(... | 8). Bestimmen Sie den x-Wert und
erläutern Sie Ihr Ergebnis.

VI   Lineare Gleichungsysteme

Lösungsverfahren:

• Einsetzungsverfahren   • Gleichsetzungsverfahren   • Additionsverfahren

1 Lösen Sie das lineare Gleichungssystem mit dem Einsetzungsverfahren.

Machen Sie die Probe.

$y = 2x + 2$	$y = -3x +7$
$x + y = 3$	$2y - 3x = 0$

$y = 2x + 2$

Einsetzen in $x + y = 3$: $x + 2x + 2 = 3$

$$3x + 2 = 3 \qquad |-2$$
$$3x = 1 \qquad |:3$$
$$x = \frac{1}{3}$$

Einsetzen in $y = 2x + 2$: $y = 2 \cdot \frac{1}{3} + 2$

$$y = \frac{8}{3}$$

Lösung: $x = \frac{1}{3}$; $y = \frac{8}{3}$

Probe: $\frac{8}{3} = 2 \cdot \frac{1}{3} + 2$ | $\frac{8}{3} + \frac{1}{3} = 3$

$\frac{8}{3} = \frac{8}{3}$ wahr | $3 = 3$ wahr

2 Lösen Sie das lineare Gleichungssystem mit dem Gleichsetzungsverfahren.

$y = 5x + 2$	$y = 0,5x + 6$
$y = 7x - 4$	$y = -2,5x + 2$

Gleichsetzen: $5x + 2 = 7x - 4 \qquad |-5x$

$$2 = 2x - 4 \qquad |+4$$
$$6 = 2x \qquad |:2$$
$$x = 3$$

Einsetzen z. B in $y = 5x + 2$:

$$y = 5 \cdot 3 + 2$$
$$y = 17$$

Lösung: $x = 3$; $y = 17$

3 Lösen Sie das lineare Gleichungssystem mit dem Additionsverfahren.

$-2x + y = 5$	$x + 3y = 8$
$x - y = 3$	$2x - y = 2$

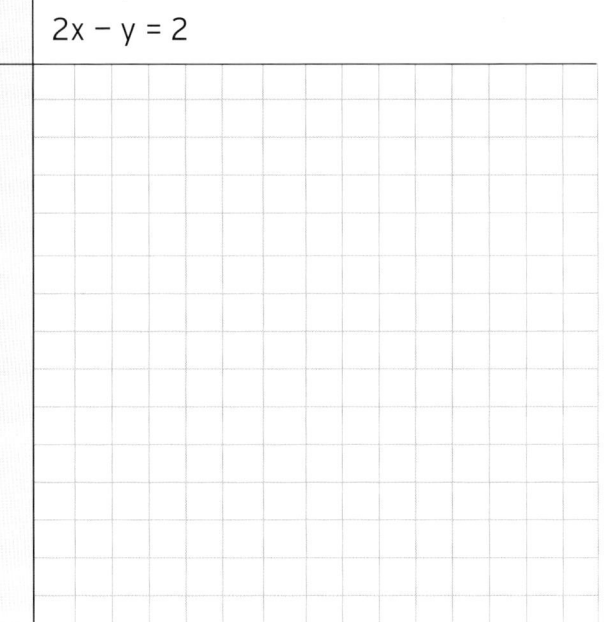

$$-2x + y = 5$$
$$\underline{x - y = 3}$$

Addition ergibt: $-x = 8$

$$x = -8$$

Einsetzen z. B in $x - y = 3$:

$$-8 - y = 3$$

$$-y = 11$$

$$y = -11$$

Lösung: $x = -8$; $y = -11$

4 Lösen Sie das lineare Gleichungssystem. Wählen Sie ein geignetes Verfahren.

a) $y = -0{,}5x + 2$	b) $y = \frac{1}{3}x - 4$
$x = 1{,}2y - 4$	$y = -\frac{1}{2}x + 1$
Gewähltes Verfahren:	Gewähltes Verfahren:

4   c) $4x - 3y = 5$
          $5x + 3y = 4$

Gewähltes Verfahren:

d) $4x + y = 1$
     $2x - 3y = -3$

Gewähltes Verfahren:

5   Herr Gold bestellt für die Modeschmuckabteilung Armbänder und Halsketten.
    Insgesamt sind es 47 Schmuckstücke. Die Armbänder kosten 12 € das Stück, die
    Halsketten 18 € je Stück. Die Gesamtkosten betragen 768 €.
    Wie viele Armbänder und Halsketten hat Herr Gold bestellt?

Gleichungen: _____

_____

Lösung des linearen Gleichungssystems:

6 Eine Gerade verläuft durch die Punkte A(3 I − 5) und B(1 I − 2).

Jan beginnt die Berechnung wie folgt: y = mx + b

A(3 I − 5): − 5 = m · 3 + b

B(1 I − 2): − 2 = m · 1 + b

Bestimmen Sie m und b und geben Sie die Geradengleichung an.

7 Der Kindergarten Sonnenblume verbraucht pro Jahr 12000 kWh Strom sowie 320 m^3 Wasser und zahlt hierfür 5000 €.
Der Kindergarten Weizenkorn verbraucht pro Jahr 18000 kWh Strom sowie 440 m^3 Wasser und zahlt hierfür 7250 €.

a) Wie hoch sind die Stromkosten pro kWh und die Kosten pro m^3 Wasser?

Festlegung der Variablen: _____

Lineares Gleichungssystem: _____

_____

Auflösung

b) Welchen Anteil der Gesamtkosten bilden beim Kindergarten Sonnenblume die Wasserkosten?

Gesamtkosten:_____   Wasserkosten: _____

Anteil in Prozent: _____

VII   Parabeln

1 Abbildungen der Normalparabel

Streckung in y-Richtung und Spiegelung an der x-Achse

Die Parabel p: $y = a \cdot x^2$ ist für $a > 0$ nach oben und für $a < 0$ nach unten geöffnet,

für $a > 1$ enger und für $0 < a < 1$ weiter als die Normalparabel.

1 Füllen Sie die Wertetabelle aus und zeichnen Sie die Parabel ein.

x	−1,5	−1	0	0,5	1	1,5
$y = -2x^2$						

x	−3	−2	−1	0	1	2
$y = 0{,}5\,x^2$						

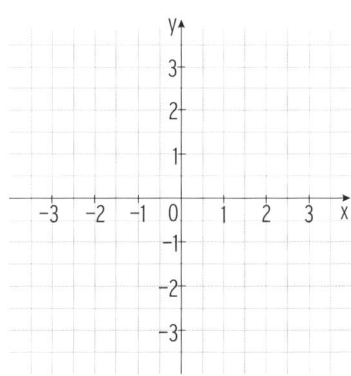

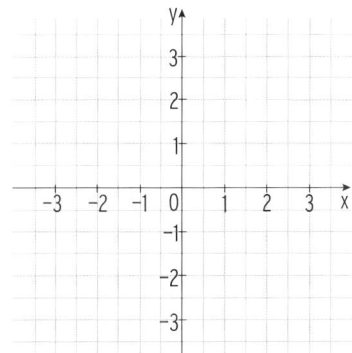

2 Ordnen Sie zu, indem Sie die Parabeln beschriften.

A: $y = 0{,}5x^2$ B: $y = 3x^2$ C: $y = -1{,}5x^2$

A: $y = x^2$ B: $y = \frac{1}{3}x^2$ C: $y = \frac{5}{3}x^2$

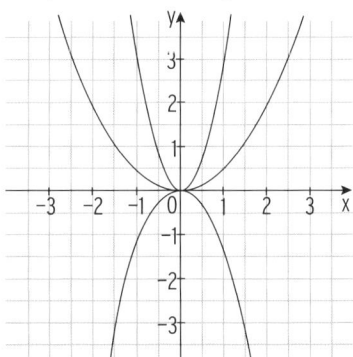

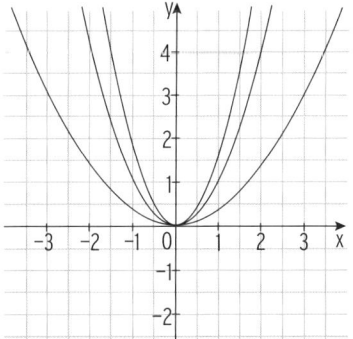

3 Geben Sie die Gleichungen der Parabeln an.

A: y =   B: y =

A: y =   B: y =

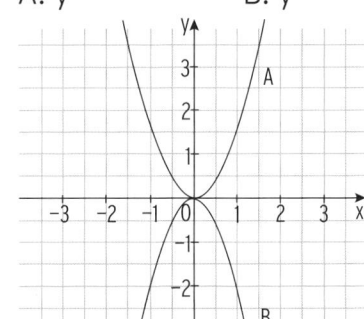

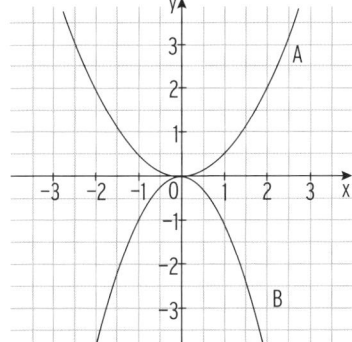

89

12 Bohner u.a. ISBN 978-3-8120-2119-7

4 Kreuzen Sie an, welche der Punkte auf der Parabel liegen.

$y = -2x^2$ ☐ $P_1\,(2\mid -10)$ $y = \frac{2}{3}x^2$ ☐ $P_1\,(1\mid -\frac{5}{3})$

☐ $P_2\,(2\mid -8)$ ☐ $P_2\,(0\mid \frac{2}{3})$

☐ $P_3\,(-2\mid 8)$ ☐ $P_3\,(-3\mid 6)$

5 Gegeben ist die Parabel p: $y = ax^2$

a) Der Faktor a hat Einfluss auf die Form und Öffnung der Parabel .

Beschreiben Sie, wie sich Form und Öffnung gegenüber der Normalparabel ändern, wenn a folgende Bedingungen erfüllt:

$a > 1$:

$-1 < a < 0$:

$a < -1$:

b) Die folgende Tabelle gehört zu einer Parabel

mit der Gleichung $y = ax^2$.

x	-0,4	0	0,4
y	0,2	0	0,2

Bestimmen Sie den zugehörigen Wert von a.

6

x	-2	-1	0	1	2
y	-1	$-\frac{1}{4}$	0	$-\frac{1}{4}$	-1

Gegeben ist eine Wertetabelle. Sie gehört zu einer Parabel p.

Woran können Sie ohne Rechnung erkennen, dass diese Zuordnung stimmt?

Bestimmen Sie die Gleichung der Parabel.

Streckung und Verschiebung in y-Richtung

Die Parabel p: $y = a \cdot x^2 + c$ hat den Scheitel $S(0 \mid c)$.

Für $c > 0$ wird die Parabel mit $y = ax^2$ nach oben verschoben,

für $c < 0$ wird die Parabel mit $y = ax^2$ nach unten verschoben.

1   Füllen Sie die Wertetabelle aus und zeichnen Sie die Parabel ein.

x	−2	−1	0	1	2	3
$y = x^2 - 3$						

x	−2	−1	0	1	2	3
$y = -0{,}5x^2 + 2$						

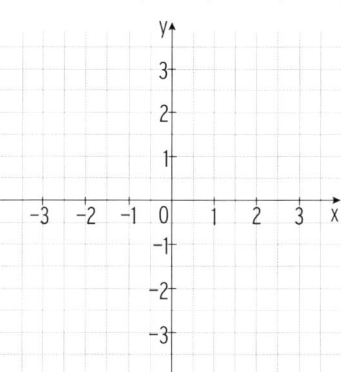 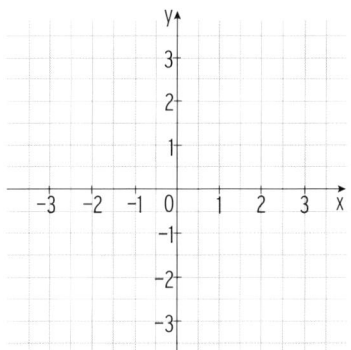

2   Ordnen Sie zu, indem Sie die Parabeln beschriften.

A: $y = 2x^2 - 2$ B: $y = 3x^2 - 1$

C: $y = \frac{1}{2}x^2 - 2$

A: $y = 2 - 2x^2$ B: $y = \frac{1}{3}x^2 + 2$

C: $y = -2x^2 - 1$

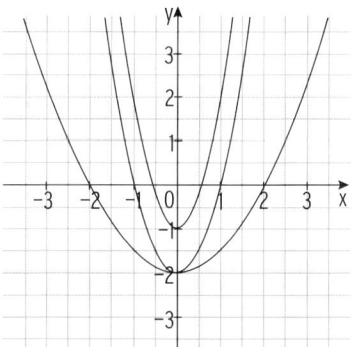 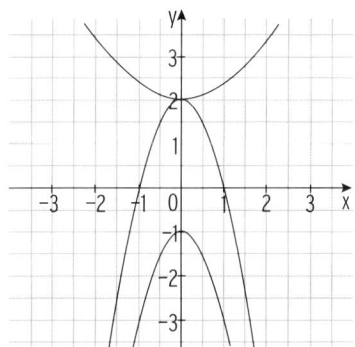

3 Geben Sie die Gleichungen der Parabeln an.

A: y =

B: y =

A: y =

B: y =

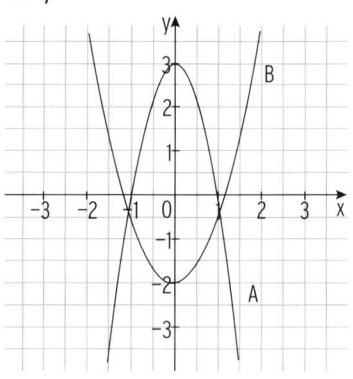 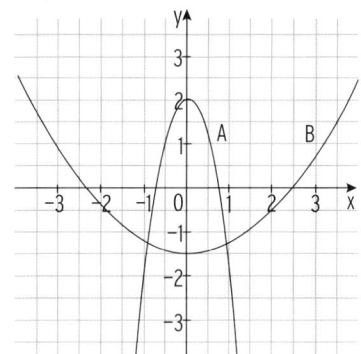

4 Kreuzen Sie an, welche der Punkte auf der Parabel liegen.

$y = -2x^2 + 1$ ☐ $P_1 (2 \mid -9)$ $y = \frac{1}{3}x^2 - 2$ ☐ $P_1 (1 \mid -\frac{5}{3})$

☐ $P_2 (2 \mid -7)$ ☐ $P_2 (0 \mid \frac{2}{3})$

☐ $P_3 (-2 \mid 9)$ ☐ $P_3 (-3 \mid 1)$

5 Eine Parabel p: $y = a \cdot x^2 + c$ mit dem Scheitelpunkt S verläuft durch den Punkt P.

Bestimmen Sie a und c und geben Sie die Parabelgleichung an.

$S(0 \mid -3)$; $P(2 \mid 6)$	$S(0 \mid 4)$; $P(-1 \mid -3)$	$S(0 \mid \frac{1}{2})$; $P(2 \mid \frac{5}{2})$
$S(0 \mid -3)$: $c = -3$		
$y = a \cdot x^2 - 3$		
Einsetzen: $6 = a \cdot 2^2 - 3$		
$a = \frac{9}{4}$		
$y = \frac{9}{4} \cdot x^2 - 3$		

6 Die Parabel p: $y = ax^2 + c$ verläuft durch die Punkte P und Q.

Bestimmen Sie ihre Gleichung.

a) $P(1 \mid 5)$; $Q(2 \mid -1)$

Einsetzen in $y = ax^2 + c$:

P(1 | 5): $5 = a \cdot 1 + c$

Q(2 | -1): $-1 = a \cdot 4 + c$ $| \cdot (-1)$

Addition ergibt: $6 = -3a$

$a = -2$

Einsetzen: $5 = -2 + c$

$c = 7$

$y = -2x^2 + 7$

b) $P(-1 \mid 4)$; $Q(3 \mid 12)$

c) $P(0,5 \mid 2)$; $Q(1,5 \mid 6)$

d) $P(-0,4 \mid 2)$; $Q(-1 \mid 4,1)$

Verschiebung in x- und y-Richtung

Die Parabel p: $y = (x - d)^2 + e$ hat den Scheitel S(d | e).

Die Normalparabel wird verschoben

für $d > 0$ nach rechts; für $d < 0$ nach links,

für $e > 0$ nach oben; für $e < 0$ nach unten.

1 Füllen Sie die Wertetabelle aus und zeichnen Sie die Parabel ein.

x	−2	−1	0	1	2	3
$y=(x-1)^2 - 2$						

x	−4	−3	−2	−1	0	1
$y = (x+2)^2 + 1$						

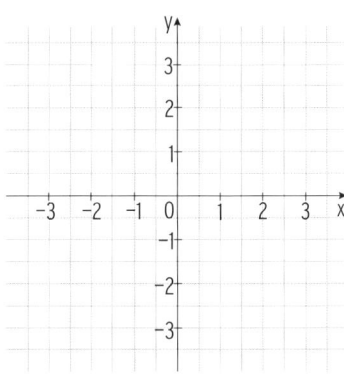
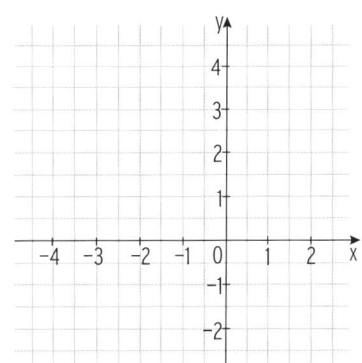

2 Ordnen Sie jeder Parabelgleichung den zugehörigen Scheitelpunkt zu.

a) $y = (x + \frac{3}{2})^2$ S(−2 | −1)

b) $y = (x + 2)^2 - 1$ S(0 | 4)

c) $y = (x + \frac{1}{2})^2 - 2{,}5$ S(−1,5 | 0)

d) $y = x^2 + 4$ S($-\frac{1}{2}$ | $-\frac{5}{2}$)

3 Ordnen Sie zu, indem Sie die Parabeln beschriften.

A: $y = (x + 2)^2 + 2$ A: $y = (x + 1)^2 - \frac{1}{2}$

B: $y = (x - 2)^2 + 2$ B: $y = x^2 - 2$

C: $y = (x - 2)^2 - 2$ C: $y = (x + 1)^2 - 2$

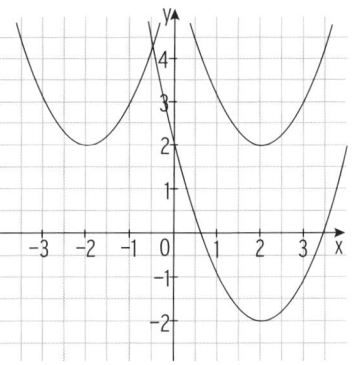
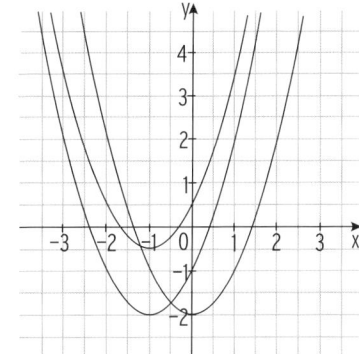

4 Geben Sie die Gleichungen der Parabeln an.

A: y =   A: y =

B: y =   B: y =

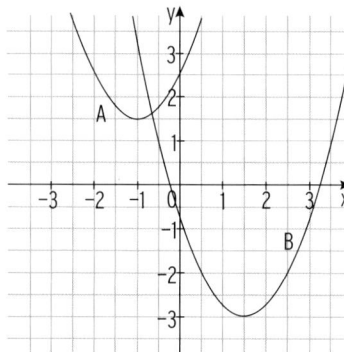
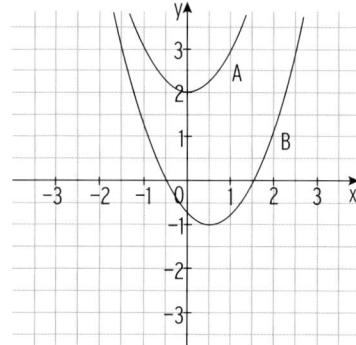

5 Kreuzen Sie an, welche der Punkte auf der Parabel liegen.

$y = (x - 2)^2 + 2$ ☐ $P_1 (0 \mid -8)$ $y = (x + 4)^2 - 1$ ☐ $P_1 (-3 \mid 1)$

☐ $P_2 (2 \mid 0)$ ☐ $P_2 (-3 \mid 0)$

☐ $P_3 (-4 \mid 38)$ ☐ $P_3 (-4 \mid -1)$

6 Eine Parabel p: $y = (x - 2)^2 + e$ verläuft durch den Punkt P.

Bestimmen Sie e.

$P(4 \mid 6); \ 6 = (4 - 2)^2 + e$	$P(-2 \mid 1);$	$P(0 \mid 0);$
$6 = 4 + e$		
$e = 2$		
$P(-2 \mid -12);$	$P(-\frac{1}{2} \mid \frac{5}{2});$	$P(\frac{1}{3} \mid \frac{2}{3});$

7 Auf welcher Parabel liegt der Punkt P?

$P(3 \mid 1)$	☐ $y = (x - 2)^2 + 3$	☐ $y = \frac{1}{3}x^2 - 2$	☐ $y = (x + 1)^2 - \frac{1}{2}$
$P(-1 \mid -0{,}5)$	☐ $y = (x - 2)^2 + 3$	☐ $y = \frac{1}{3}x^2 - 2$	☐ $y = (x + 1)^2 - \frac{1}{2}$
$P(4 \mid 7)$	☐ $y = (x - 2)^2 + 3$	☐ $y = \frac{1}{3}x^2 - 2$	☐ $y = (x + 1)^2 - \frac{1}{2}$

8 Füllen Sie die Tabelle aus und ordnen Sie jeder Gleichung eines der unteren Schaubilder zu.

Gleichung	Scheitel-punkt	Öffnung nach oben/unten	Form normal/weiter/enger	Abb.
$y = 2 \cdot x^2 + 1$				
$y = (x - 1)^2 - 1$				
$y = -x^2 - 2$				
$y = (x + 1)^2 + 2$				
$y = (x + 1)^2 - 1$				
$y = -0,5 \cdot x^2 + 2$				

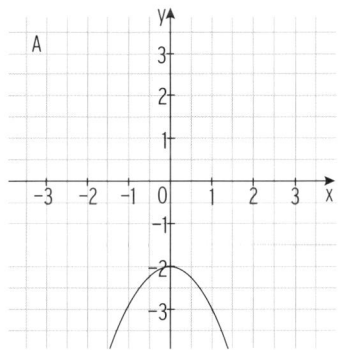
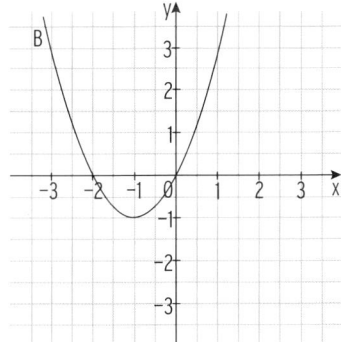
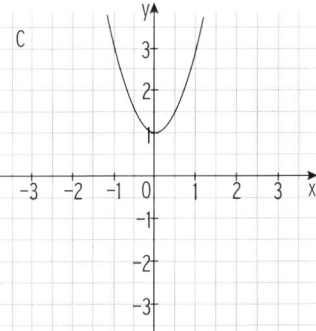

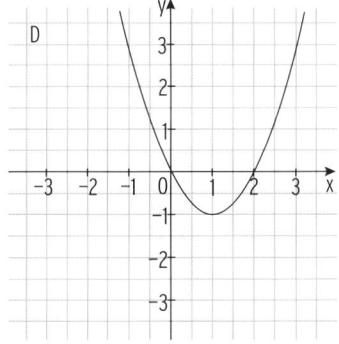
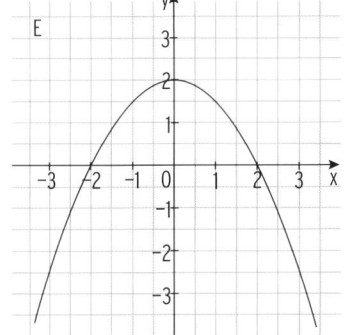
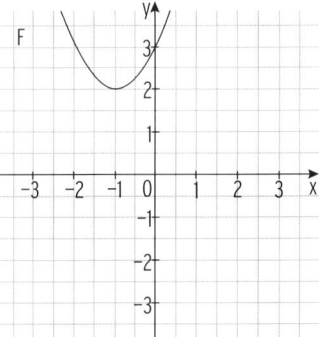

9 Wandeln Sie die Scheitelfom der Parabelgleichung in die allgemeine Form um.

$y = (x + 1)^2 + 1{,}5$ $y = x^2 + 2x + 1 + 1{,}5$ $y = x^2 + 2x + 2{,}5$	$y = (x + 9)^2 - 11$
$y = (x - \frac{1}{3})^2 + \frac{2}{3}$	$y = (x - 2)^2 - \frac{7}{2}$

10 Wandeln Sie die allgemeine Form der Parabelgleichung in die Scheitelform um.

Ordnen Sie dann jeweils eine der eingezeichneten Parabeln zu.

$y = x^2 - 4x + 3$ x-Wert (Scheitel): $x_s = \frac{-b}{2} = \frac{-(-4)}{2} = \frac{4}{2} = 2$ y-Wert: $y = 2^2 - 4 \cdot 2 + 3 = -1$ $S(2 \mid -1)$: $y = (x - 2)^2 - 1$ Parabel: B	$y = x^2 + 6x + 9$ Parabel:
$y = x^2 + 2x + 3$ Parabel:	$y = x^2 - 4x + 4$ Parabel:
$y = x^2 - x$ Parabel:	$y = x^2 - 2$ Parabel:

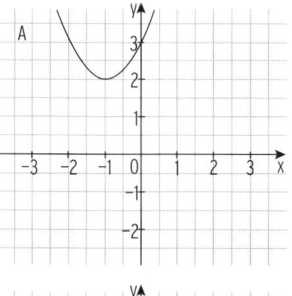
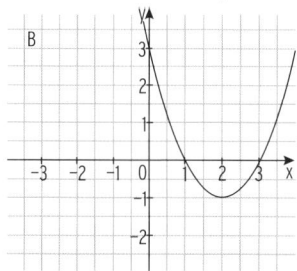
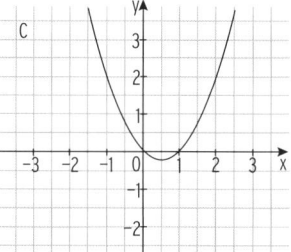
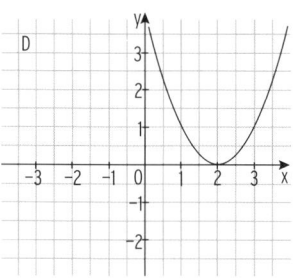
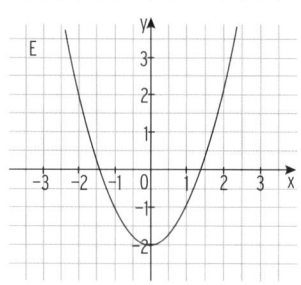
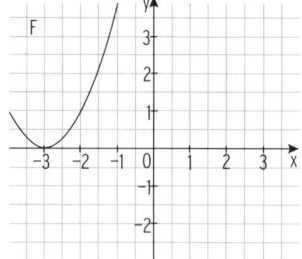

2 Schnittpunkte

Schnittpunkte einer Parabel p mit der x-Achse

y = 0 führt auf eine quadratische Gleichung.

D > 0	D = 0	D < 0
p schneidet die x-Achse in zwei Punkten.	p berührt die x-Achse.	p schneidet die x-Achse nicht.

1 Bestimmen Sie die gemeinsamen Punkte von Parabel und x-Achse. Ordnen Sie jeder Parabelgleichung jeweils eines der Schaubilder zu.

p: $y = x^2 - 4x + 4$

Ansatz: y = 0 $x^2 - 4x + 4 = 0$

$x_{1|2} = \dfrac{-b \pm \sqrt{b^2 - 4ac}}{2a}$

$= \dfrac{4 \pm \sqrt{(-4)^2 - 4 \cdot 1 \cdot 4}}{2 \cdot 1} = \dfrac{4 \pm 0}{2}$

$x_{1|2} = \dfrac{4}{2} = 2$

$N_{1|2}(2 \mid 0)$

Schaubild: D

p: $y = x^2 - x - 2$

Schaubild:

p: $y = (x + 0{,}5)^2 + 1{,}5$

Schaubild:

p: $y = 0{,}5x^2 - 2$

Schaubild:

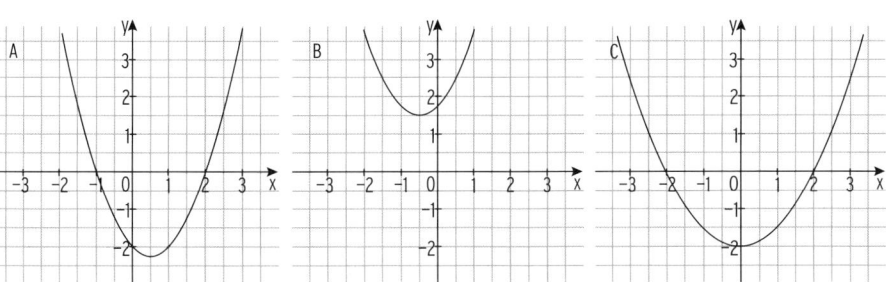
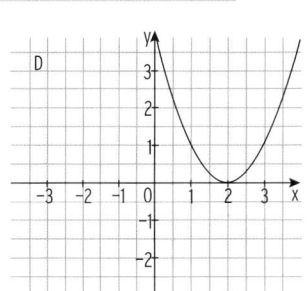

13 Bohner u.a. ISBN 978-3-8120-2119-7

· · · · ·

Gemeinsame Punkte einer Parabel p und einer Geraden g

Gleichsetzen führt auf eine quadratische Gleichung.

D > 0	D = 0	D < 0
zwei Lösungen	eine Lösung	keine Lösung
p und g schneiden sich	p und g berühren sich.	p und g haben keinen
in zwei verschiedenen	g ist Tangente.	gemeinsamen
Punkten.		Punkt.

1   Bestimmen Sie die gemeinsamen Punkte von Parabel p und Gerade g.

Ordnen Sie dann jeweils eines der Schaubilder zu.

p: $y = -0,5x^2 + 1$; g: $y = -0,5x + 1$ Gleichsetzen: $-0,5x^2 + 1 = -0,5x + 1$ $\qquad 0,5x^2 - 0,5x = 0$ $\qquad x^2 - x = 0$ $x_{1\mid2} = \dfrac{1 \pm \sqrt{(-1)^2 - 4 \cdot 1 \cdot 0}}{2 \cdot 1} = \dfrac{1 \pm 1}{2}$ $x_1 = \dfrac{1-1}{2} = 0$; $x_2 = \dfrac{1+1}{2} = 1$ y-Werte: $y = -0,5 \cdot 0 + 1 = 1$ $\qquad\quad y = -0,5 \cdot 1 + 1 = 0,5$ Schnittpunkte: $S_1(0 \mid 1)$; $S_2(1 \mid 0,5)$ Schaubild: D	p: $y = x^2 - 3x + 3$ g: $y = -2x - 1$ Schaubild:
p : $y = x^2 - 2$; g: $y = x$ Schaubild:	p: $y = x^2 - 3x + 3$; g: $y = x - 1$ Schaubild:

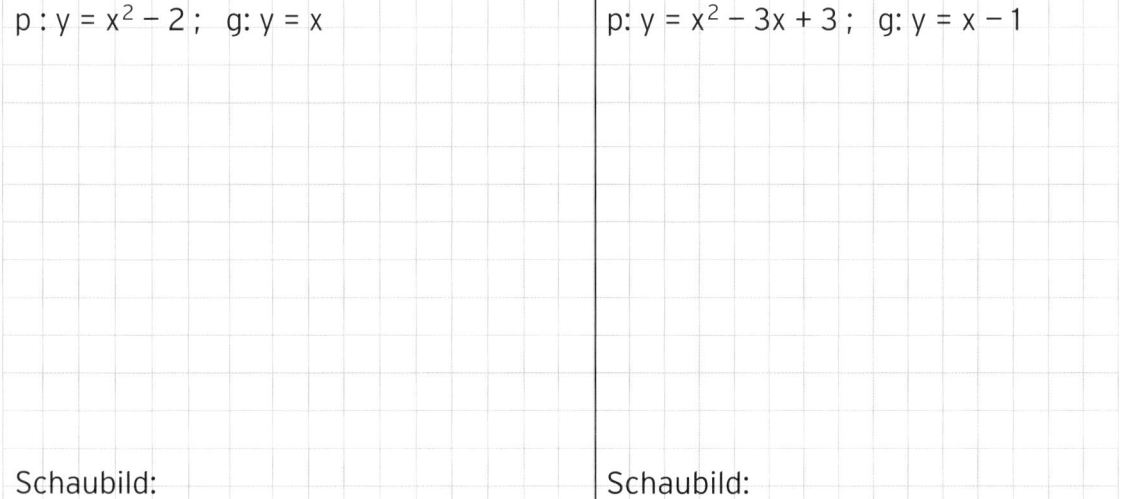

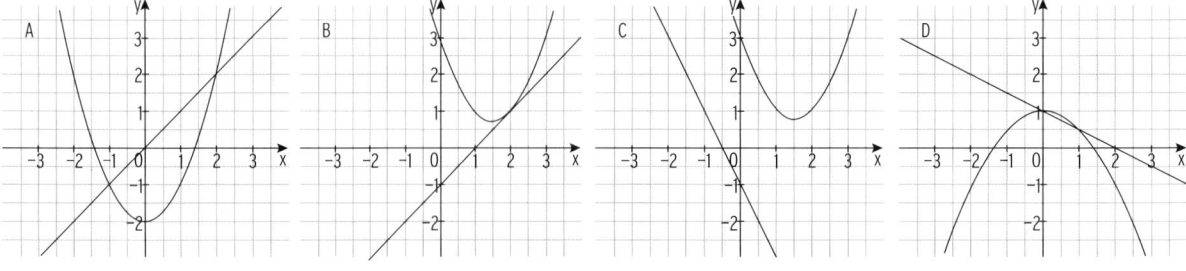

Gemeinsame Punkte von zwei Parabeln p_1 und p_2

Gleichsetzen führt (in der Regel) auf eine quadratische Gleichung.

$D > 0$	$D = 0$	$D < 0$
zwei Lösungen	eine Lösung	keine Lösung
p_1 und p_2 schneiden sich in zwei verschiedenen Punkten.	p_1 und p_2 berühren sich.	p_1 und p_2 haben keinen gemeinsamen Punkt.

1   Untersuchen Sie die Parabeln auf gemeinsame Punkte.

Ordnen Sie dann jeweils eines der Schaubilder zu.

p_1: $y = x^2 - 2x - 1$; p_2: $y = -x^2 + 3$ Gleichsetzen: $x^2 - 2x - 1 = -x^2 + 3$ $2x^2 - 2x - 4 = 0$ $x_{1\mid 2} = \dfrac{2 \pm \sqrt{(-2)^2 - 4 \cdot 2 \cdot (-4)}}{2 \cdot 2} = \dfrac{2 \pm 6}{4}$ $x_1 = \dfrac{2 - 6}{4} = -1$; $x_2 = \dfrac{2 + 6}{4} = 2$ y-Werte: $y = -(-1)^2 + 3 = 2$ $y = -2^2 + 3 = -1$ Schnittpunkte: $S_1(-1 \mid 2)$; $S_2(2 \mid -1)$ Schaubild: C	p_1: $y = 3x^2 - 2x + 1$; p_2: $y = -x^2 - 1$  Schaubild:
p_1: $y = 3x^2 - 2x + 1$; p_2: $y = x^2 + 2x - 1$ Schaubild:	p_1: $y = -x^2 - 1$; p_2: $y = 1,5x^2 + 1$ Schaubild:

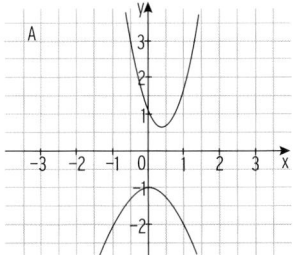

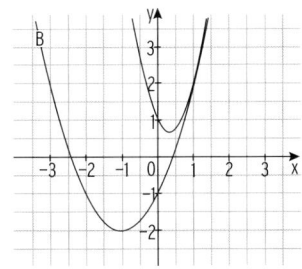

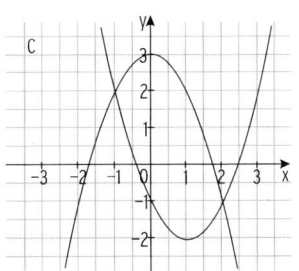

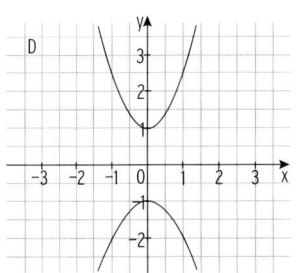

99

Vermischte Aufgaben

1 Wahr oder falsch?

	w	f
Jede Parabel schneidet die x-Achse.	☐	☐
Jede Parabel schneidet die y-Achse.	☐	☐
Eine Gerade kann eine Parabel nur in deren Scheitelpunkt berühren.	☐	☐
Der Punkt P(− 2 I − 5) liegt auf der Parabel p: $y = -\frac{3}{2}x^2 - 2$.	☐	☐
Die Parabel p: $y = (x + 2)^2 + 3$ ist achsensymmetrisch zur Geraden mit der Gleichung x = − 1.	☐	☐
Die Parabel p: $y = (x − 4,5)^2 − 6$ hat den Scheitelpunkt S(4,5 I − 6).	☐	☐

2 Gegeben ist die abgebildete Parabel p.

a) Prüfen Sie für jede Parabelgleichung, ob sie zum nebenstehenden Schaubild passen kann. Begründen Sie jeweils Ihre Entscheidung.

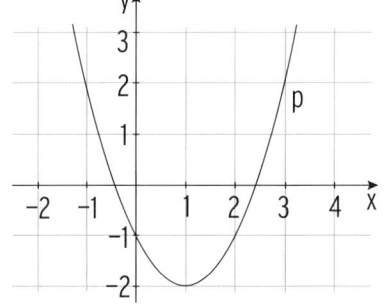

p_1: $y = (x − 1)^2 − 2$; p_2: $y = 2x^2 − 1$; p_3: $y = x^2 − x − 1$

b) Geben Sie die Gleichung einer weiteren Parabel an, welche die abgebildete Parabel nicht schneidet.

c) Welchen Wert muss q haben, damit eine Parabel mit der Gleichung $y = x^2 − 6x + q$ durch den Scheitelpunkt der abgebildeten Parabel verläuft?

3 Gegeben ist die Parabel p durch die Gleichung $y = (x - 3)^2 - 1$.

a) Geben Sie den Scheitelpunkt der Parabel an und berechnen Sie die
   Koordinaten der Schnittpunkte der Parabel mit den Koordinatenachsen.

b) Prüfen Sie, ob der Punkt P(− 2,1 | 25,01) auf der Parabel liegt.

c) Zeichnen Sie die Parabel

   in ein geeignetes Koordinatensystem.

d) Eine zweite Parabel hat den Scheitelpunkt

   S(3 | 1) und geht durch den Ursprung.

   Wo liegt der zweite Schnittpunkt mit der x-Achse?

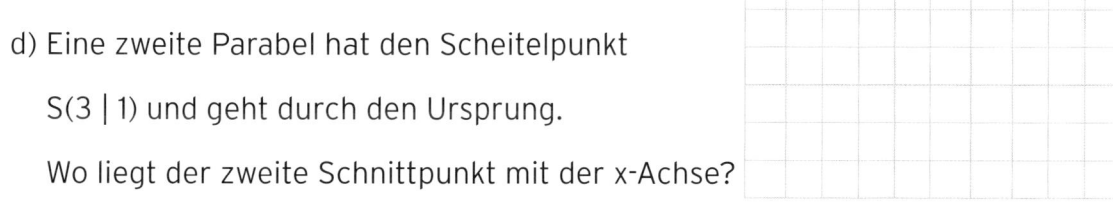

4 Eine Tordurchfahrt hat die Form einer Parabel. Sie ist 6 m hoch und 4 m breit.

   Ein Fahrzeug ist 3 m breit und 2,20 m hoch.

   Kann dieses Fahrzeug die Tordurchfahrt passieren?

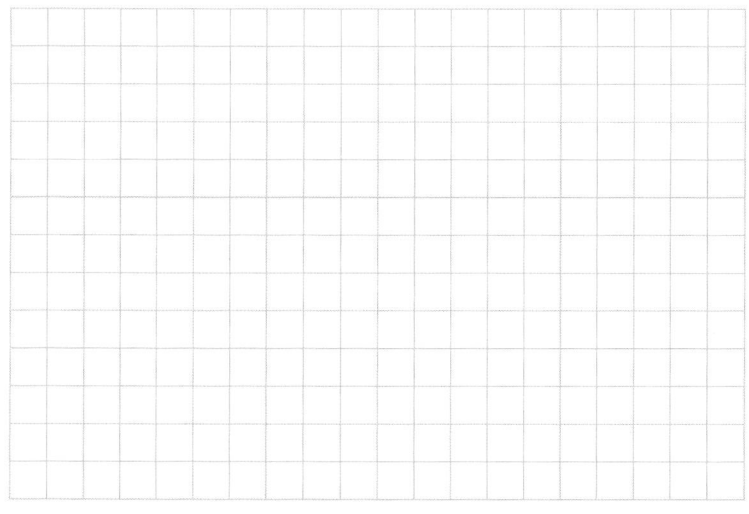

Skizze:

5   Gegeben ist die Parabel p in der Abbildung.

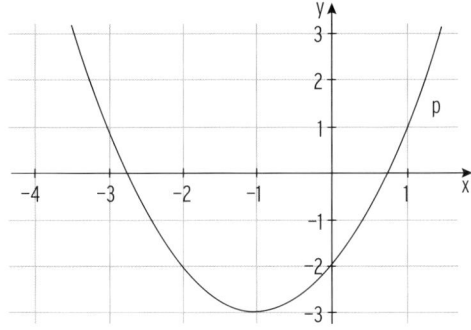

a) Ordnen Sie der Parabel p die richtige

   Gleichung zu und begründen Sie Ihre Wahl.

   (1) $y = x^2 + 2x + 2$

   (2) $y = -0,5x^2 - 2$

   (3) $y = x^2 - 4x - 2$

   (4) $y = x^2 + 2x - 2$

b) Geben Sie die Gleichung der Parabel p in der Scheitelform an.

c) Eine Gerade g schneidet die Parabel p in den Punkten P(− 2 | …) und Q(2 | …).

   Bestimmen Sie Gleichung dieser Geraden durch Rechnung.

Lösungen

I Termumformungen

1 Terme

Ein **Term** ist ein mathematischer Ausdruck aus Zahlen und Variablen (Platzhalter).

1 Setzen Sie die x-Werte in den Term ein und berechnen Sie den Termwert.

Term\x-Wert	– 5	– 1	$\frac{3}{4}$	1,5
$5x - 1$	$5 \cdot (-5) - 1 = -26$	$5 \cdot (-1) - 1 = -6$	$5 \cdot \frac{3}{4} - 1 = \frac{11}{4}$	$5 \cdot 1,5 - 1 = 6,5$
$8 - 1,5x$	$8 - 1,5 \cdot (-5) = 15,5$	$8 - 1,5 \cdot (-1) = 9,5$	$8 - 1,5 \cdot \frac{3}{4} = \frac{55}{8}$	$8 - 1,5 \cdot 1,5 = 5,75$
$\frac{1}{4}x + 7$	$\frac{1}{4} \cdot (-5) + 7 = 5,75$	$\frac{1}{4} \cdot (-1) + 7 = 6,75$	$\frac{1}{4} \cdot \frac{3}{4} + 7 = \frac{115}{16}$	$\frac{1}{4} \cdot 1,5 + 7 = 7,375$

2 Ordnen Sie jeder Beschreibung einen Term zu und berechnen Sie den Termwert für x = 4.

A: Zu einer Zahl wird 3 addiert und die Summe mit 3 multipliziert.	1)	$25 - 2x - 4x$	E	Ergebnis:	1
B: Von einer Zahl wird 5 subtrahiert und die Differenz verdoppelt.	2)	$(5x + 4) \cdot 3$	D	Ergebnis:	72
C: Das 6-fache einer Zahl wird um 12 vermindert.	3)	$3(x + 3)$	A	Ergebnis:	21
D: Zum Fünffachen einer Zahl wird 4 addiert und die Summe mit 3 multipliziert.	4)	$2(x - 5)$	B	Ergebnis:	– 2
E: Von 25 wird das Doppelte einer Zahl und das Vierfache einer Zahl subtrahiert.	5)	$6x - 12$	C	Ergebnis:	12

3 Finden Sie einen passenden Term.

A: Vom Dreifachen einer Zahl wird 7 subtrahiert und die Differenz wird verdoppelt.	$(3x - 7) \cdot 2$
B: Addieren Sie die um 1 vergrößerte Zahl zum Zweifachen der gleichen Zahl.	$x + 1 + 2x$
C: Subtrahieren Sie eine Zahl von 8 und multiplizieren Sie die Differenz mit 5.	$(8 - x) \cdot 5$
D: Das Dreifache einer Zahl vermehrt um 6.	$3x + 6$

4 Ordnen Sie die unten stehenden Begriffe den Rechenzeichen zu.

$+$	Summe, addieren, vergrößern, vermehren
$-$	Differenz, subtrahieren, vermindern
$\cdot$	vervielfachen, Produkt, multiplizieren, das x-fache.
$:$	dividieren; Quotient, teilen

Summe, Differenz, vervielfachen, Produkt, addieren, subtrahieren, Quotient, vermindern, vergrößern, multiplizieren, dividieren, vermehren, das x-fache, teilen.

5 Finden Sie einen passenden Term.

A	Die monatliche Stromrechnung setzt sich zusammen aus der Grundgebühr (12,00 €) und dem Verbrauch von x kWh. 1 kWh kostet 0,26 €. Die monatliche Stromrechnung für 850 kWh beläuft sich auf 235 €. Prüfen Sie nach.	$0,26x + 12$ Für x = 850: $0,26 \cdot 850 + 12$ $= 233 \ne 235$ Der Rechnungsbetrag ist falsch.
B	Eine Autovermietung bietet einen Transporter für 65 € pro Tag inklusive 100 km und 0,36 € für jeden weiteren km. Franz fährt weniger als 100 km, Max mehr als 100 km. Was zahlen Franz und Max für x km?	Franz: 65 Max: $65 + 0,36(x - 100); x > 100$ Franz zahlt 65 € für x km, Max zahlt für x km in € $65 + 0,36(x - 100); x > 100$
C	Die Kosten für die Herstellung von Ventilen betragen 120 € fixe Kosten pro Tag und 0,06 € Stückkosten für jedes produzierte Ventil. Wie hoch sind die täglichen Kosten für x Ventile? Übersteigen die Kosten für eine Tagesproduktion von 10 000 Ventilen den Betrag von 750 €?	Produktionskosten für x Ventile: $0,06x$ Fixe Kosten: 120 € Gesamtkosten für x Ventile: $0,06x + 120$ Für x = 10000: 720 Der Betrag wird nicht überschritten.

6 Paket A wiegt x kg, Paket B wiegt y kg.

Wie hängen die Gewichte zusammen, wenn folgendes gilt?

a) $x + y = 12$	b) $x = y + 12$	c) $y = 2x$	d) $x - y = 5$
A und B wiegen zusammen 12 kg.	A ist 12 kg schwerer als B.	B ist doppelt so schwer wie A.	A ist 5 kg schwerer als B.

Lösungen

· · · · ·

Addition und Subtraktion von Termen

1 Füllen Sie die Tabelle aus und vereinfachen Sie den Ergebnisterm (wenn möglich).

+	$x - 7$	$3 - 3x$	$2(1 - x)$	$-y - x$
$2x$	$2x + (x - 7)$	$2x + (3 - 3x)$	$2x + 2(1 - x)$	$2x + (-y - x)$
	$= 3x - 7$	$= -x + 3$	$= 2$	$= x - y$
$x - 3$	$x - 3 + (x - 7)$	$x - 3 + (3 - 3x)$	$x - 3 + 2(1 - x)$	$x - 3 + (-y - x)$
	$= 2x - 10$	$= -2x$	$= -x - 1$	$= -3 - y$
$-4x$	$-4x + (x - 7)$	$-4x + (3 - 3x)$	$-4x + 2(1 - x)$	$-4x + (-y - x)$
	$= -3x - 7$	$= -7x + 3$	$= -6x + 2$	$= -5x - y$
$x + 7$	$x + 7 + (x - 7)$	$x + 7 + (3 - 3x)$	$x + 7 + 2(1 - x)$	$x + 7 + (-y - x)$
	$= 2x$	$= -2x + 10$	$= -x + 9$	$= 7 - y$

2 Füllen Sie die Tabelle aus und vereinfachen Sie den Ergebnisterm (wenn möglich).

−	$2x - 4$	$1 - x$	$3(2 + 6x)$	$-16 + y$
20	$20 - (2x - 4)$	$20 - (1 - x)$	$20 - 3(2 + 6x)$	$20 - (-16 + y)$
	$= 24 - 2x$	$= 19 + x$	$= 14 - 18x$	$= 36 - y$
$5x$	$5x - (2x - 4)$	$5x - (1 - x)$	$5x - 3(2 + 6x)$	$5x - (-16 + y)$
	$= 3x + 4$	$= 6x - 1$	$= -13x - 6$	$= 5x + 16 - y$
$1 - x$	$1 - x - (2x - 4)$	$1 - x - (1 - x)$	$1 - x - 3(2 + 6x)$	$1 - x - (-16 + y)$
	$= -3x + 5$	$= 0$	$= -19x - 5$	$= -x + 17 - y$
$4x + 1$	$4x + 1 - (2x - 4)$	$4x + 1 - (1 - x)$	$4x + 1 - 3(2 + 6x)$	$4x + 1 - (-16 + y)$
	$= 2x + 5$	$= 5x$	$= -14x - 5$	$= 4x + 17 - y$

3 Lösen Sie die Klammern auf und fassen Sie zusammen.

$5x - (2 + x)$	$= 5x - 2 - x = 4x - 2$
$3 - (x - y) - 4x$	$= 3 - x + y - 4x = -5x + y + 3$
$5 - (10 - 2x)$	$= 5 - 10 + 2x = -5 + 2x$
$-(4x - 3) - (4 + 5x)$	$= -4x + 3 - 4 - 5x = -9x - 1$
$x + 5 - (1 - 4x + y)$	$= x + 5 - 1 + 4x - y = 5x - y + 4$
$9 - 4x - (4x - 3)$	$= 9 - 4x - 4x + 3 = 12 - 8x$
$5 - (a - 3) - (3a - 2)$	$= 5 - a + 3 - 3a + 2 = -4a + 10$
$4 - (2r + 5s) - (7r + 4s)$	$= 4 - 2r - 5s - 7r - 4s = -9r - 9s + 4$

4 Ergänzen Sie.

$11x - (\ \ ) = 13x$	$(\ \ ) = -2x$ Probe: $11x - (-2x) = 11x + 2x = 13x$
$3x - y - (\ \ ) = x + y$	$(\ \ ) = 2x - 2y$ Probe: $3x - y - (2x - 2y) = x + y$
$8 - (\ \ ) = 10 - 2x$	$(\ \ ) = -2 + 2x$ Probe: $8 - (-2 + 2x) = 10 - 2x$
$(\ \ ) - 2(4x - 3) = 4$	$(\ \ ) = 8x - 2$ Probe: $(8x - 2) - 2(4x - 3) = 4$
$x - 2 + (\ \ ) = 4x - 10y$	$(\ \ ) = 3x - 10y + 2$ Probe: $x - 2 + (3x - 10y + 2) = 4x - 10y$
$9 - (\ \ ) - (6x - 3) = 0$	$(\ \ ) = -6x + 12$ Probe: $9 - (-6x + 12) - (6x - 3) = 0$

5 Welche Terme sind gleichwertig?

(1) $10 - 2x$;   **(2)** $4a - (b + 7c)$;   **(3)** $2 + (-x + 5)$;   **(4)** $3 - x + (-x + 7)$

(5) $14a + 7c$;   **(6)** $-(-4a + b + 7c)$;   **(7)** $a - (-13a - 7c)$;   **(8)** $(-x + 5) - (x - 5)$

(1) $10 - 2x$

(2) $4a - (b + 7c) = 4a - b - 7c$

(3) $2 + (-x + 5) = -x + 7$

(4) $3 - x + (-x + 7) = 10 - 2x$

(5) $14a + 7c$

(6) $-(-4a + b + 7c) = 4a - b - 7c$

(7) $a - (-13a - 7c) = 14a + 7c$

(8) $(-x + 5) - (x - 5) = 10 - 2x$

gleichwertige Terme: **(2); (6)**

gleichwertige Terme: **(1); (4); (8)**

gleichwertige Terme: **(5); (7)**

Multiplikation von Termen

1 Füllen Sie die Tabelle aus und vereinfachen Sie den Ergebnisterm (wenn möglich).

·	-2	$3a$	-4	$-a$
$2x$	$2x \cdot (-2)$	$2x \cdot 3a$	$2x \cdot (-4)$	$2x \cdot (-a)$
	$= -4x$	$= 6ax$	$= -8x$	$= -2ax$
$x - 3$	$(x - 3) \cdot (-2)$	$(x - 3) \cdot 3a$	$(x - 3) \cdot (-4)$	$(x - 3) \cdot (-a)$
	$= -2x + 6$	$= 3ax - 9a$	$= -4x + 12$	$= -ax + 3a$
$-1,5$	$-1,5 \cdot (-2)$	$-1,5 \cdot 3a$	$-1,5 \cdot (-4)$	$-1,5 \cdot (-a)$
	$= 3$	$= -4,5a$	$= 6$	$= 1,5a$

2 Lösen Sie die Klammern auf und fassen Sie zusammen.

$5 \cdot (2 + x) - 6x$	$= 10 + 5x - 6x = 10 - x$
$3 \cdot (5x - y) - 4x$	$= 15x - 3y - 4x = 11x - 3y$
$6(x + 1) + (10 - 2x)$	$= 6x + 6 + 10 - 2x = 16 + 4x$
$1 - 2x \cdot (4x - 3) - 4$	$= 1 - 8x^2 + 6x - 4 = -8x^2 + 6x - 3$
$5x + 5x \cdot (1 - 4x + y)$	$= 5x + 5x - 20x^2 + 5xy = 10x - 20x^2 + 5xy$
$9x - 4x(4x - 3)$	$= 9x - 16x^2 + 12x = 21x - 16x^2$
$5a \cdot (a - 3) + 6a \cdot (3a - 2)$	$= 5a^2 - 15a + 18a^2 - 12a = 23a^2 - 27a$
$2r \cdot (2r + 5s) - 3s \cdot (7r + 4s)$	$= 4r^2 + 10rs - 21rs - 12s^2 = 4r^2 - 11rs - 12s^2$

3 Klammern Sie aus.

$16x - 8y + 8$	$= 8 \cdot 2x - 8 \cdot y + 8 \cdot 1 = 8 \cdot (2x - y + 1)$
$12x - 4y$	$= 4 \cdot 3x - 4 \cdot 1y = 4 \cdot (3x - y)$
$9x - 36$	$= 9x - 9 \cdot 4 = 9(x - 4)$
$(18 - 10x) - 8x$	$= 18 - 10x - 8x = 18 - 18x = 18(1 - x)$
$5 \cdot (x - 1) - 15$	$= 5x - 5 - 15 = 5x - 20 = 5(x - 4)$
$6(x + 8) - 3(x + 8)$	$= (6 - 3) \cdot (x + 8) = 3(x + 8)$

4 Ergänzen Sie.

$3 \cdot (\ \ ) = 3 - 9x$	$(\ \ ) = 1 - 3x$ Probe: $3 \cdot (1 - 3x) = 3 - 9x$
$3x \cdot (\ \ ) = 12x^2 + 9x$	$(\ \ ) = 4x + 3$; $3x \cdot (4x + 3) = 12x^2 + 9x$
$(\ \ ) \cdot 2 = 10 - 2x$	$(\ \ ) = 5 - x$; $(5 - x) \cdot 2 = 10 - 2x$
$(\ \ ) - 2(\ \ ) = 4x - 3$	$(\ \ ) = -4x + 3$; $(-4x + 3) - 2(-4x + 3) = 4x - 3$
$x - (x - 2y) \cdot (\ \ ) = 6x - 10y$	$(\ \ ) = -5$; $x - (x - 2y) \cdot (-5) = 6x - 10y$
$9 \cdot (\ \ ) - 27x + 18 = 0$	$(\ \ ) = 3x - 2$; $9 \cdot (3x - 2) - 27x + 18 = 0$

5 Lösen Sie die Klammern auf und fassen Sie zusammen.

$(5 - x) \cdot (2 + x)$	$= 10 + 5x - 2x - x^2 = 10 + 3x - x^2$
$(3 - x) \cdot (5x - y) - 4x$	$= 15x - 3y - 5x^2 + xy - 4x = 11x - 3y - 5x^2 + xy$
$(x + 1) \cdot (10 - 2x)$	$= 10x - 2x^2 + 10 - 2x = 10 + 8x - 2x^2$
$(1 - 2x) \cdot (4x - 3) - 4$	$= 4x - 3 - 8x^2 + 6x - 4 = -8x^2 + 10x - 7$
$(5 + x) \cdot (1 - 4x + y)$	$= 5 - 20x + 5y + x - 4x^2 + xy$ $= 5 - 19x + 5y - 4x^2 + xy$
$(9 - 4x)(4x - 3)$	$= 36x - 27 - 16x^2 + 12x = -27 + 48x - 16x^2$
$(5a + 6) \cdot (3a - 2)$	$= 15a^2 - 10a + 18a - 12 = 15a^2 + 8a - 12$
$2 \cdot (2r + 5s) - 3r \cdot (2r + 3s)$	$= 4r + 10s - 6r^2 - 9rs$

6 Lösen Sie die Klammern mithilfe einer binomischen Formel auf.

$(x + 5) \cdot (x + 5)$	$= x^2 + 2 \cdot 5x + 5^2 = x^2 + 10x + 25$
$(5x - 1)^2$	$= 25x^2 - 10x + 1$
$(2x + 1) \cdot (1 - 2x)$	$= -(2x + 1) \cdot (2x - 1) = -(4x^2 - 1) = -4x^2 + 1$
$(4x - 3)^2$	$= 16x^2 - 24x + 9$
$(1 - 4x)(1 - 4x)$	$= 16x^2 - 8x + 1$
$-(9 - x)(9 + x)$	$= -(81 - x^2) = x^2 - 81$

7 Ersetzen Sie die Symbole durch Terme.

$(x + 2)^2 = x^2 + 4x + 4$	$(2x - 1)^2 = 4x^2 - 4x + 1$	
$(x - 6)^2 = x^2 - 12x + 36$	$(2 - x)\cdot(2 + x) = 4 - x^2$	
$(x + 4)^2 = x^2 + 8x + 16$	$(2x + 5)\cdot(2x - 5) = 4x^2 - 25$	

8 Zerlegen Sie in Faktoren.

$16 - y^2$	$= (4 - y)(4 + y)$	3. binomische Formel
$x^2 - 4x + 4$	$= (x - 2)^2$	2. binomische Formel
$x^2 - 6x + 9$	$= (x - 3)^2$	2. binomische Formel
$18x - 10x^2$	$= 2x(9 - 5x)$	
$x^2 + 12x + 36$	$= (x + 6)^2$	1. binomische Formel
$3x^2 - 18x$	$= 3x(x - 6)$	
$0,8x - 1,6$	$= 0,8(x - 2)$	
$8x^2 + 32x + 32$	$= 8(x + 2)^2$	2. binomische Formel
$x^2 + 14x + 49$	$= (x + 7)^2$	1. binomische Formel
$x^2 - 36$	$= (x - 6)(x + 6)$	3. binomische Formel
$9x^2 - 1$	$= (3x - 1)(3x + 1)$	3. binomische Formel

9 Welche Terme sind gleichwertig?

(1) $2\cdot(\frac{1}{2}x^2 - 7x + 24,5)$ (2) $-12a(1,5 - a)$ (3) $(x - 7)^2$ (4) $a(a + 2c)$

(5) $(-x + 7)^2$ (6) $-2(-6a^2 + 9a)$ (7) $(a + c)^2 - c^2$ (8) $12a^2 - 18a$

(1) $2\cdot(\frac{1}{2}x^2 - 7x + 24,5) = x^2 - 14x + 49$

(2) $-12a(1,5 - a) = 12a^2 - 18a$

(3) $(x - 7)^2 = x^2 - 14x + 49$ gleichwertige Terme: (1); (3); (5)

(4) $a(a + 2c) = a^2 + 2ac$ gleichwertige Terme: (2); (6); (8)

(5) $(-x + 7)^2 = x^2 - 14x + 49$ gleichwertige Terme: (4); (7)

(6) $-2(-6a^2 + 9a) = 12a^2 - 18a$

(7) $(a + c)^2 - c^2 = a^2 + 2ac + c^2 - c^2 = a^2 + 2ac$

(8) $12a^2 - 18a$

11

Terme mit Brüchen — Bruchrechnen

1 Berechnen Sie im Kopf.

$1 - \frac{2}{7} = \frac{7}{7} - \frac{2}{7} = \frac{5}{7}$	$\frac{5}{3}\cdot 4 = \frac{5}{3}\cdot\frac{4}{1} = \frac{20}{3}$	
$-\frac{2}{5} + \frac{6}{5} = \frac{4}{5}$	$\frac{1}{9}\cdot 7 - 2 = \frac{7}{9} - \frac{18}{9} = -\frac{11}{9}$	
$-\frac{24}{5} - 9 = -\frac{69}{5}$	$\frac{2}{5}\cdot\frac{5}{7} = \frac{2}{7}$	
$\frac{2}{9} - 1 + \frac{5}{9} = -\frac{2}{9}$	$(\frac{12}{7} - 1)\cdot 2 = \frac{5}{7}\cdot 2 = \frac{10}{7}$	
$\frac{5+3}{12} - 1 = \frac{8}{12} - \frac{12}{12} = -\frac{4}{12} = -\frac{1}{3}$	$\frac{12-7}{8}\cdot 4 - 1 = \frac{5}{8}\cdot 4 - 1 = \frac{5}{2} - 1 = \frac{3}{2}$	

2 Erweitern Sie auf den gegebenen Nenner.

Nenner				
40	$\frac{1}{8} = \frac{1}{8}\cdot\frac{5}{5} = \frac{5}{40}$	$\frac{2}{5} = \frac{2}{5}\cdot\frac{8}{8} = \frac{16}{40}$	$1,3 = \frac{13}{10}\cdot\frac{4}{4} = \frac{52}{40}$	$\frac{7}{4} = \frac{7}{4}\cdot\frac{10}{10} = \frac{70}{40}$
16	$\frac{5}{8} = \frac{5}{8}\cdot\frac{2}{2} = \frac{10}{16}$	$0,5 = \frac{1}{2}\cdot\frac{8}{8} = \frac{8}{16}$	$\frac{11}{4} = \frac{44}{16}$	$\frac{3}{12} = \frac{1}{4}\cdot\frac{4}{4} = \frac{4}{16}$
21	$\frac{1}{3} = \frac{1}{3}\cdot\frac{7}{7} = \frac{7}{21}$	$\frac{6}{7} = \frac{6}{7}\cdot\frac{3}{3} = \frac{18}{21}$	$2 = \frac{2}{1}\cdot\frac{21}{21} = \frac{42}{21}$	$\frac{10}{14} = \frac{5}{7}\cdot\frac{3}{3} = \frac{15}{21}$
60	$\frac{1}{12} = \frac{1}{12}\cdot\frac{5}{5} = \frac{5}{60}$	$\frac{7}{15} = \frac{7}{15}\cdot\frac{4}{4} = \frac{28}{60}$	$1,2 = \frac{6}{5}\cdot\frac{12}{12} = \frac{72}{60}$	$\frac{9}{4} = \frac{9}{4}\cdot\frac{15}{15} = \frac{135}{60}$

3 Wandeln Sie um in eine Bruchzahl oder eine gemischte Zahl.

$\frac{9}{8} = \frac{8}{8} + \frac{1}{8} = 1\frac{1}{8}$	$\frac{32}{5} = \frac{30}{5} + \frac{2}{5} = 6\frac{2}{5}$	$\frac{13}{7} = \frac{7}{7} + \frac{6}{7} = 1\frac{6}{7}$	$\frac{17}{4} = 4 + \frac{1}{4} = 4\frac{1}{4}$
$3\frac{3}{4} = \frac{12}{4} + \frac{3}{4} = \frac{15}{4}$	$9,5 = 9\frac{1}{2} = \frac{19}{2}$	$\frac{11}{4} = 2\frac{3}{4}$	$4\frac{3}{11} = 4 + \frac{3}{11} = \frac{44}{11} + \frac{3}{11} = \frac{47}{11}$
$5\frac{1}{3} = \frac{16}{3}$	$8\frac{6}{7} = \frac{62}{7}$	$2,8 = 2\frac{4}{5} = \frac{14}{5}$	$2\frac{11}{14} = \frac{39}{14}$
$\frac{71}{12} = 5\frac{11}{12}$	$\frac{37}{15} = 2\frac{7}{15}$	$1\frac{2}{35} = \frac{37}{35}$	$\frac{9}{4} = 2\frac{1}{4}$

4 Finden Sie den Hauptnenner (HN).

$\frac{1}{5}, \frac{3}{10}, \frac{9}{20}, \frac{7}{40}$	HN = 40;	$40 = 2\cdot 20; \ 40 = 4\cdot 10; \ 40 = 8\cdot 5$
$\frac{4}{3}, \frac{3}{5}, \frac{9}{2}$	HN = 30;	$30 = 6\cdot 5; \ 30 = 3\cdot 2\cdot 5$
$\frac{3}{2}, \frac{3}{8}, \frac{19}{4}, \frac{7}{16}$	HN = 16;	$16 = 2\cdot 8; \ 16 = 4\cdot 4$
$\frac{3}{4}, \frac{2}{3}, \frac{1}{8}$	HN = 24;	$24 = 3\cdot 8; \ 24 = 6\cdot 4$

12

5 Kürzen Sie vollständig.

$\frac{24}{40} = \frac{24:4}{40:4} = \frac{6}{10} = \frac{3}{5}$	$\frac{27}{81} = \frac{27:3}{81:3} = \frac{9}{27} = \frac{3}{9} = \frac{1}{3}$	$\frac{15}{105} = \frac{15:5}{105:5} = \frac{3}{21} = \frac{1}{7}$
$\frac{64}{96} = \frac{32}{48} = \frac{16}{24} = \frac{8}{12} = \frac{2}{3}$	$\frac{42}{30} = \frac{21}{15} = \frac{7}{5}$	$1\frac{45}{75} = 1\frac{9}{15} = 1\frac{3}{5} = \frac{8}{5}$

6 Schreiben Sie als Bruchzahl und kürzen Sie vollständig.

$0,8 = \frac{8}{10} = \frac{4}{5}$	$2,9 = \frac{29}{10}$	$0,625 = \frac{625}{1000} = \frac{5}{8}$
$0,68 = \frac{68}{100} = \frac{17}{25}$	$0,75 = \frac{75}{100} = \frac{3}{4}$	$1,45 = \frac{145}{100} = \frac{29}{20}$
$0,33 = \frac{33}{100}$	$1\frac{6}{8} = 1\frac{3}{4} = \frac{7}{4}$	$0,15 = \frac{15}{100} = \frac{3}{20}$

7 Wandeln Sie in einen Dezimalbruch um. Runden Sie gegebenenfalls auf zwei Stellen nach dem Komma.

$\frac{3}{20} = \frac{15}{100} = 0,15$	$\frac{29}{4} = 7\frac{1}{4} = 7,25$	$\frac{3}{8} = 3\cdot\frac{1}{8} = 0,375 \approx 0,38$
$\frac{1}{3} = \frac{333...}{1000} \approx 0,33$	$\frac{1}{30} = \frac{1}{10}\cdot\frac{1}{3} \approx 0,03$	$1\frac{7}{40} = \frac{47}{40} = \frac{47\cdot 25}{1000} = 1,175 \approx 1,18$

8 Ordnen Sie der Größe nach. Beginnen Sie mit der kleinsten Zahl.

$\frac{3}{2}; \frac{7}{4}; 0,1; \frac{7}{8}: \ 0,1 < \frac{7}{8} < \frac{3}{2} < \frac{7}{4}$ (HN: 40)	$\frac{5}{8}; \frac{5}{9}; 0,5; \frac{5}{12}: \ \frac{5}{12} < 0,5 < \frac{5}{9} < \frac{5}{8}$ (HN: 72)
$\frac{1}{2}; \frac{2}{5}; \frac{7}{3}; 1,5: \ \frac{2}{5} < \frac{1}{2} < 1,5 < \frac{7}{3}$ (HN: 30)	$\frac{1}{3}; \frac{1}{15}; \frac{1}{6}; 0,1: \ \frac{1}{15} < 0,1 < \frac{1}{6} < \frac{1}{3}$ (HN: 30)

9 Bestimmen Sie den Hauptnenner und berechnen Sie.

$\frac{3}{2} + \frac{7}{4} = \frac{6}{4} + \frac{7}{4} = \frac{13}{4}$	$\frac{5}{8} + \frac{5}{9} = \frac{45}{72} + \frac{40}{72} = \frac{85}{72}$	$\frac{7}{6} - \frac{3}{4} = \frac{14}{12} - \frac{9}{12} = \frac{5}{12}$
$\frac{1}{2} + \frac{3}{5} = \frac{5}{10} + \frac{6}{10} = \frac{11}{10}$	$\frac{1}{3} - \frac{1}{5} = \frac{5}{15} - \frac{3}{15} = \frac{2}{15}$	$\frac{7}{15} + \frac{3}{7} = \frac{49}{105} + \frac{45}{105} = \frac{94}{105}$
$\frac{1}{200} + \frac{2}{500} = \frac{5}{1000} + \frac{4}{1000} = \frac{9}{1000}$	$\frac{1}{4} - \frac{11}{12} = \frac{3}{12} - \frac{11}{12} = -\frac{8}{12} = -\frac{2}{3}$	$\frac{5}{6} + \frac{2}{9} = \frac{15}{18} + \frac{4}{18} = \frac{19}{18}$

10 Ergänzen Sie.

$0,18 + \boxed{} = \frac{4}{5}$	$0,18 + \boxed{0,62} = \frac{4}{5} = 0,8$	$-\frac{2}{5} + \boxed{\frac{71}{40}} = 1\frac{3}{8}$
$\frac{7}{4} : \boxed{2} = \frac{7}{8}$	$\left(\boxed{-\frac{24}{5}}\right)\cdot(-25) = 120$	$\frac{9}{2} : \boxed{\frac{3}{4}} = 6$

11 Bestimmen Sie den Bruchteil.

$\frac{1}{3}$ von $\frac{3}{4} = \frac{1}{3}\cdot\frac{3}{4} = \frac{1}{4}$	$\frac{2}{9}$ von 36 m $= \frac{2}{9}\cdot 36$ m $= 8$ m	$\frac{1}{5}$ von $\frac{1}{2} = \frac{1}{5}\cdot\frac{1}{2} = \frac{1}{10}$
$\frac{3}{4}$ von 120 m	$\frac{3}{20}$ von 400 kg	$\frac{5}{6}$ von 24 h
$= \frac{3}{4}\cdot 120$ m $= 90$ m	$= \frac{3}{20}\cdot 400$ kg $= 60$ kg	$= \frac{5}{6}\cdot 24$ h $= 20$ h

13

12 Füllen Sie die Zahlenmauer aus.

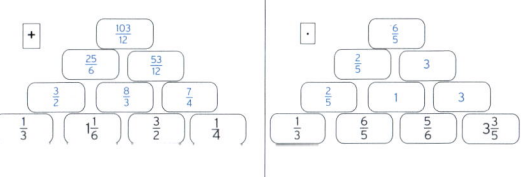

13 Berechnen Sie die Bruchteile.

Wie viel cm sind $\frac{3}{4}$ m?	$\frac{3}{4}$ m $= \frac{3}{4}\cdot 100$ cm $= 75$ cm
Wie viel g sind $\frac{2}{3}$ von 96 g?	$\frac{2}{3}\cdot 96$ g $= 64$ g
Wie viel Liter sind $\frac{6}{7}$ von 91 Liter?	$\frac{6}{7}\cdot 91$ l $= 6\cdot 13$ l $= 78$ l
Wie viel s sind $\frac{4}{5}$ min?	$\frac{4}{5}\cdot 60$ s $= 4\cdot 12$ s $= 48$ s
Von einem Stab der Länge 1,20 m stecken $\frac{1}{6}$ im Boden. Wie viel cm sind zu sehen?	$\frac{1}{6}\cdot 1,20$ m $= 0,20$ m; 1,20 m $- 0,20$ m $= 1,00$ m

14 Welcher Bruchteil ist markiert?

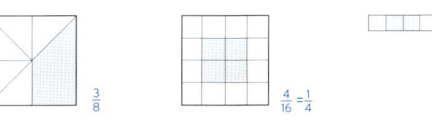

$\frac{3}{8}$ | $\frac{4}{16} = \frac{1}{4}$ | $\frac{2}{5}$

15 Schreiben Sie mit einem Bruch.

$\frac{1}{2} + \frac{1}{3} - \frac{1}{5} = \frac{15}{30} + \frac{10}{30} - \frac{6}{30} = \frac{19}{30}$	$\frac{4}{5} + \frac{4}{6} = \frac{24}{30} + \frac{20}{30} = \frac{44}{30} = \frac{22}{15}$
$7\cdot\frac{1}{7} = \frac{7}{1}\cdot\frac{1}{7} = \frac{7}{7} = 1$	$3\cdot\frac{1}{5} + 4\cdot\frac{3}{5} = \frac{3}{5} + \frac{12}{5} = \frac{15}{5} = 3$
$\frac{3}{5}\cdot\frac{2}{7} = \frac{6}{35}$	$\frac{7}{4} + \frac{7}{5}\cdot\frac{5}{3} = \frac{7}{4} + \frac{7}{3} = \frac{21}{12} + \frac{28}{12} = \frac{49}{12}$
$\frac{7}{2} - \frac{1}{2}\cdot\frac{3}{5} = \frac{7}{2} - \frac{3}{10} = \frac{35}{10} - \frac{3}{10} = \frac{32}{10} = \frac{16}{5}$	$3\cdot\frac{7}{10} - 4\cdot\frac{3}{5} = \frac{21}{10} - \frac{12}{5} = \frac{21}{10} - \frac{24}{10} = -\frac{3}{10}$
$-\frac{3}{8} + \frac{1}{3} + \frac{3}{4} = -\frac{9}{24} + \frac{8}{24} + \frac{18}{24} = \frac{17}{24}$	$\frac{1}{12}\cdot 4 + \frac{5}{2} = \frac{1}{3} + \frac{5}{2} = \frac{2}{6} + \frac{15}{6} = \frac{17}{6}$

14

105

Terme mit Brüchen und Variablen

1 Setzen Sie die angegebenen Werte ein und fassen Sie zusammen.

$3x + \frac{5}{6}$; $(x = \frac{2}{3})$	$3 \cdot (\frac{2}{3}) + \frac{5}{6} = 2 + \frac{5}{6} = \frac{12}{6} + \frac{5}{6} = \frac{17}{6}$
$-2x + 1$; $(x = \frac{5}{3})$	$-2 \cdot (\frac{5}{3}) + 1 = -\frac{10}{3} + \frac{3}{3} = -\frac{7}{3}$
$\frac{3}{2}x - 3,5$; $(x = -\frac{1}{2})$	$\frac{3}{2} \cdot (-\frac{1}{2}) - 3,5 = -\frac{3}{4} - 3,5 = -0,75 - 3,5 = -4,25 = -\frac{17}{4}$
$-5x - \frac{5}{2}$; $(x = -\frac{1}{4})$	$-5 \cdot (-\frac{1}{4}) - \frac{5}{2} = \frac{5}{4} - \frac{5}{2} = -\frac{5}{4}$

2 Vereinfachen Sie.

$\frac{1}{5}x + \frac{3}{5}x = (\frac{1}{5} + \frac{3}{5})x = \frac{4}{5}x$	$5 \cdot \frac{4}{5}x \quad = \frac{5 \cdot 4}{5}x = 4x$
$\frac{3}{7}x - \frac{5}{7}x = \frac{3-5}{7}x = -\frac{2}{7}x$	$3 \cdot \frac{7}{4}x + 5 \cdot \frac{3}{4}x = \frac{21}{4}x + \frac{15}{4}x = \frac{36}{4}x = 9x$

3 Multiplizieren Sie aus und fassen Sie zusammen.

$4(\frac{1}{5}x + \frac{2}{3}x)$	$= \frac{4}{5}x + \frac{8}{3}x = \frac{4 \cdot 3}{15}x + \frac{8 \cdot 5}{15}x = \frac{52}{15}x$
$(\frac{3}{5}x - 2) \cdot 4x + x$	$= \frac{12}{5}x^2 - 8x + x = \frac{12}{5}x^2 - 7x$
$(x + 1) \cdot \frac{10}{3} - \frac{1}{3}x$	$= \frac{10}{3}x + \frac{10}{3} - \frac{1}{3}x = \frac{9}{3}x + \frac{10}{3} = 3x + \frac{10}{3}$
$(1 - \frac{2}{5}x) \cdot (\frac{1}{2}x - 3)$	$= \frac{1}{2}x - 3 - \frac{1}{5}x^2 + \frac{6}{5}x = -\frac{1}{5}x^2 + \frac{17}{10}x - 3$
$\frac{1}{5}x \cdot (1 - \frac{4}{3}x + \frac{5}{4}y)$	$= \frac{1}{5}x - \frac{4}{15}x^2 + \frac{1}{4}xy$
$(\frac{1}{2} - 4x)^2$	$= \frac{1}{4} - 4x + 16x^2$
$(\frac{5}{8}a + 6) \cdot (\frac{2}{3}a - 2)$	$= \frac{15}{16}a^2 - \frac{5}{4}a + 9a - 12 = \frac{15}{16}a^2 + \frac{31}{4}a - 12$
$\frac{2}{5} \cdot (2r - s) - \frac{3}{4} \cdot (2r - s)$	$= \frac{4}{5}r - \frac{2}{5}s - \frac{3}{2}r + \frac{3}{4}s = -\frac{7}{10}r + \frac{7}{20}s$

4 Füllen Sie die Tabelle aus und vereinfachen Sie den Ergebnisterm (wenn möglich).

$\cdot$	$-\frac{2}{3}$	$\frac{3}{4}a$	$-\frac{4}{5}$	$-\frac{a}{6}$
$\frac{1}{4}x$	$\frac{1}{4}x \cdot (-\frac{2}{3}) = -\frac{1}{6}x$	$\frac{1}{4}x \cdot \frac{3}{4}a = \frac{3}{16}ax$	$\frac{1}{4}x \cdot (-\frac{4}{5}) = -\frac{1}{5}x$	$\frac{1}{4}x \cdot (-\frac{a}{6}) = -\frac{ax}{24}$
$-\frac{3}{7}x$	$-\frac{3}{7}x \cdot (-\frac{2}{3}) = \frac{2}{7}x$	$-\frac{3}{7}x \cdot \frac{3}{4}a = -\frac{9}{28}ax$	$-\frac{3}{7}x \cdot (-\frac{4}{5}) = \frac{12}{35}x$	$-\frac{3}{7}x \cdot (-\frac{a}{6}) = \frac{ax}{14}$
$-\frac{3}{2}$	$-\frac{3}{2} \cdot (-\frac{2}{3}) = 1$	$-\frac{3}{2} \cdot \frac{3}{4}a = -\frac{9}{8}a$	$-\frac{3}{2} \cdot (-\frac{4}{5}) = \frac{6}{5}$	$-\frac{3}{2} \cdot (-\frac{a}{6}) = \frac{a}{4}$

2 Potenzrechnung

Eine **Potenz** besteht aus einer **Basis** (Grundzahl) a und einem **Exponent** (Hochzahl):
$$a^n = a \cdot a \cdot \ldots \cdot a \quad \text{mit n Faktoren a}$$

Für eine Potenz, z. B. 3^4 gibt es die Faktorschreibweise $3 \cdot 3 \cdot 3 \cdot 3$ und den Potenzwert 81.

1 Vervollständigen Sie die Tabelle der Quadratzahlen ohne Hilfsmittel.

Faktoren	Potenz	Potenzwert	Faktoren	Potenz	Potenzwert
$8 \cdot 8$	8^2	64	$-1 \cdot (-1)$	$(-1)^2$	1
$4 \cdot 4$	4^2	16	$(-\frac{5}{3}) \cdot (-\frac{5}{3})$	$(-\frac{5}{3})^2$	$\frac{25}{9}$
$\frac{1}{7} \cdot \frac{1}{7}$	$(\frac{1}{7})^2$	$\frac{1}{49}$	$(-25) \cdot (-25)$	$(-25)^2$	625
$0,25 \cdot 0,25$	$0,25^2$	$\frac{1}{16} = 0,0625$	$0,2 \cdot 0,2$	$0,2^2$	0,04
$12 \cdot 12$	12^2	144	$5 \cdot 5$	5^2	25
$(-6) \cdot (-6)$	$(-6)^2$	36	$(-\frac{2}{5}) \cdot (-\frac{2}{5})$	$(-\frac{2}{5})^2$	$\frac{4}{25}$

2 Füllen Sie die Tabelle aus ohne Verwendung eines Hilfsmittels.

Faktoren	Potenz	Potenzwert	Faktoren	Potenz	Potenzwert
$3 \cdot 3 \cdot 3 \cdot 3$	3^4	81	$1 \cdot 1 \cdot 1 \cdot 1 \cdot 1 \cdot 1$	1^6	1
$4 \cdot 4 \cdot 4$	4^3	64	$\frac{2}{5} \cdot \frac{2}{5}$	$(\frac{2}{5})^2$	$\frac{4}{25}$
$\frac{1}{2} \cdot \frac{1}{2} \cdot \frac{1}{2}$	$(\frac{1}{2})^3$	$\frac{1}{8}$	$(-5) \cdot (-5) \cdot (-5)$	$(-5)^3$	-125
$0,3 \cdot 0,3 \cdot 0,3 \cdot 0,3$	$0,3^4$	0,0081	$(-4) \cdot (-4) \cdot (-4) \cdot (-4)$	$(-4)^4$	256
$1,5 \cdot 1,5$	$1,5^2$	2,25	$(-3) \cdot (-3) \cdot (-3)$	$(-3)^3$	-27
$11 \cdot 11$	11^2	121	$(-\frac{2}{7}) \cdot (-\frac{2}{7})$	$(-\frac{2}{7})^2$	$\frac{4}{49}$

3 Bestimmen Sie das fehlende Vorzeichen.

$\boxed{-}2^5 = -32$	$-3^4 = \boxed{-}81$	$\boxed{-}(-1)^{13} = 1$	$(-1)^3 \cdot (-3)^3 = \boxed{+}27$
$(-2)^5 = \boxed{-}32$	$(-4)^3 = \boxed{-}64$	$-(-1)^6 = \boxed{-}1$	$(-1)^2 \cdot (\boxed{-}3)^3 = -27$
$(-2)^4 = \boxed{+}16$	$\boxed{-}(-4)^3 = 64$	$-1^{10} = \boxed{-}1$	$(-1)^3 \cdot (\boxed{-}3^3) = 27$

Das Vorzeichen gehört zur Basis.

Potenzgesetze:

Zwei **Potenzen** mit gleicher Basis werden multipliziert (dividiert), indem man die Exponenten addiert (subtrahiert) und die Basis beibehält.
$$a^m \cdot a^n = a^{m+n}$$
$$a^m : a^n = \frac{a^m}{a^n} = a^{m-n}$$

1 Vereinfachen Sie. Lösen Sie ohne Hilfsmittel.

$2^4 \cdot 2^5$	$= 2^4 \cdot 2^5 = 2^{4+5} = 2^9$	$(-4)^3 \cdot (-4)^5$	$= (-4)^8 = 4^8$
$0,7^4 \cdot 0,7^7$	$= 0,7^{11}$	$(-3)^2 \cdot (-3)^3$	$= (-3)^5$
$2^7 \cdot 2^5 \cdot 2^4$	$= 2^{16}$	$(-5) \cdot (-5)^2 \cdot (-5)^3$	$= (-5)^6 = 5^6$
$6^4 \cdot 6$	$= 6^5$	$(\frac{1}{3})^2 \cdot (\frac{1}{3})^3$	$= (\frac{1}{3})^5$

$(-1)^2 = 1$

$9^3 : 9^2$	$= 9^{3-2} = 9^1 = 9$	$4^5 : 4^2$	$= 4^3 = 64$
$(-1)^6$	$= 1$	$7^3 : 7^3$	$= 1$
$\frac{9^4}{9^2} + 12^0$	$= 9^2 + 1 = 82$	$2^7 : 2^0$	$= 2^7$
$-1^{10} \cdot 3^3$	$= -3^3 = -27$	$(-9)^{12} : 9^{10}$	$= 9^2 \; ; (-9)^{12} = 9^{12}$

$(-9)^{12} = 9^{12}$

$\frac{9^3 \cdot 9}{9^2}$	$= \frac{9^{3+1}}{9^2} = \frac{9^4}{9^2} = 9^2 = 81$	$\frac{4^5 \cdot 4^6}{4^3}$	$= \frac{4^{11}}{4^3} = 4^8$
$\frac{2(-5)^6}{5^5}$	$= 10 \quad ; (-5)^6 = 5^6$	$\frac{7^4 + 7^5}{7^3}$	$= 7 + 7^2 = 56$
$\frac{2 \cdot 2^7 + 2^2}{2^2}$	$= \frac{2^8 + 2^2}{2^2} = \frac{2^8}{2^2} + \frac{2^2}{2^2} = 2^6 + 1$	$3 \cdot 10^3 \cdot (-1)^3$	$= -3 \cdot 10^3 = -3000$
$-3^8 \cdot 3^3 : 3^7$	$= -\frac{3^{11}}{3^7} = -3^4$	$\frac{2^{12} \cdot 4}{2^{10}}$	$= \frac{2^{12} \cdot 2^2}{2^{10}} = \frac{2^{14}}{2^{10}} = 2^4 = 16$

5 Welches Vorzeichen hat $(-5)^n$, wenn n gerade ist?   plus (+)

6 Setzen Sie $>$, $<$ oder $=$ ein. Lösen Sie möglichst ohne Hilfsmittel.

		Überlegung:	
$2^4 + 2^4$	$\boxed{<}$	$2^4 \cdot 2^4$	$16 + 16 = 2 \cdot 16 < 16 \cdot 16$
$-7 \cdot (-7)^3$	$\boxed{>}$	-7^5	$-7 \cdot (-7)^3 = -7^4 > -7^5$
$(-4)^5 : (-4)^4$	$\boxed{<}$	$(-4)^0$	$(-4)^5 : (-4)^4 = -4 < 1 = (-4)^0$
$-1,7^2$	$\boxed{<}$	$1,7^2$	$-1,7^2 < 0; \quad 1,7^2 > 0$
$6^4 : 6^2$	$\boxed{=}$	$6 \cdot 6$	$6^4 : 6^2 = 6^{4-2} = 6^2 = 6 \cdot 6$

7 Finden Sie den Fehler und korrigieren Sie die Rechnung.

	Fehler:	Korrektur:
$3^4 \cdot 3^2$		$3^4 \cdot 3^2$
$= 3^{4 \cdot 2}$	$3^4 \cdot 3^2 \neq 3^{4 \cdot 2}$	$= 3^{4+2}$
$= 3^8$	Hochzahlen werden addiert.	$= 3^6$
$3^4 : 3$	Fehler: $3^0 \neq 3$	Korrektur: $3^4 : 3$
$= 3^{4-0}$		$= 3^{4-1}$
$= 3^4$		$= 3^3$
		Hinweis: $3 = 3^1$
$(-2)^4 \cdot 2^3$	Fehler: $(-2)^4 \neq -2^4$	Korrektur: $(-2)^4 \cdot 2^3$
$= -2^{4 \cdot 3}$	Hochzahlen wurden	$= 2^{4+3}$
$= 2^{12}$	multipliziert.	$= 2^7$
$2 \cdot 6^4 + 3 \cdot 6^4$	Fehler: $6^4 + 6^4 \neq 6^{4+4}$	Korrektur: $2 \cdot 6^4 + 3 \cdot 6^4$
$= 5 \cdot 6^{4+4}$		$= 5 \cdot 6^4$
$= 5 \cdot 6^8$		

Potenzgesetze:

Zwei **Potenzen** mit gleichem Exponenten werden multipliziert (dividiert), indem man die Basen multipliziert (dividiert) und den Exponent beibehält.

$$a^n \cdot b^n = (a \cdot b)^n \qquad a^n : b^n = \frac{a^n}{b^n} = \left(\frac{a}{b}\right)^n$$

Eine Potenz wird **potenziert**, indem man die Exponenten multipliziert und die Basis beibehält: $(a^n)^m = a^{n \cdot m}$

1 Vereinfachen Sie soweit wie möglich.

$2^4 \cdot 5^4$	$= (2 \cdot 5)^4 = 10^4$	$2^7 \cdot 4^7$	$= 8^7$
$2^4 \cdot 0{,}5^4$	$= (2 \cdot 0{,}5)^4 = 1$	$(-4)^5 \cdot (-2)^5$	$= 8^5$
$6^3 \cdot 2^3$	$= 12^3$	$\left(\frac{1}{3}\right)^7 \cdot 3^7$	$= 1$

$9^3 : 3^3$	$= \frac{9^3}{3^3} = \left(\frac{9}{3}\right)^3 = 3^3$	$10^6 : 5^6$	$= 2^6$
$(-4)^6 : 2^6$	$= 2^6$ $\quad (-4)^6 = 4^6$	$(-12)^2 : (-3)^3$	$= \frac{12^2}{-3^3} = \frac{4^2 \cdot 3^2}{-3^3} = \frac{4^2}{-3}$
$1^{10} : 2^{10}$	$= \left(\frac{1}{2}\right)^{10}$	$\left(\frac{1}{2}\right)^5 : \left(\frac{1}{4}\right)^5$	$= 2^5$

2 Vereinfachen Sie (ohne Hilfsmittel).

$(9^3)^2$	$= 9^{3 \cdot 2} = 9^6$	$5 \cdot (5^3)^3$	$= 5 \cdot 5^9 = 5^{10}$
$((-4)^3)^2$	$= 4^6$	$((-2)^3)^3$	$= (-2)^9 = -2^9$
$\left(\left(\frac{1}{2}\right)^2\right)^4$	$= \left(\frac{1}{2}\right)^8$	$\left(\left(\frac{3}{2}\right)^2\right)^2$	$= \left(\frac{3}{2}\right)^4$
$(8^3)^2 \cdot 8^3$	$= 8^{3 \cdot 2} \cdot 8^3$ $= 8^6 \cdot 8^3 = 8^9$	$\frac{5^4 \cdot (5^3)^3}{5^2}$	$= \frac{5^4 \cdot 5^9}{5^2} = 5^{11}$
$\frac{4^9}{((-4)^2)^4}$	$= \frac{4^9}{4^8} = 4$	$(2^5 \cdot (-2)^3)^3$	$= (-2^8)^3 = -2^{24}$
$\frac{(2^3)^5}{2^4}$	$= \frac{2^{15}}{2^4} = 2^{11}$	$\frac{2^7 \cdot 2}{(2^2)^3}$	$= 2^2 = 4$
$\left(2 \cdot \left(\frac{1}{2}\right)^2\right)^4$	$= \left(\frac{1}{2}\right)^4$	$\left(\left(\frac{3}{2}\right)^2 \cdot 2^2\right)^3$	$= 3^6$

3 Vereinfachen Sie soweit wie möglich.

$a^4 \cdot b^4$	$= (ab)^4$	$(-2)^5 \cdot a^5$	$= (-2a)^5 = -32a^5$
$x^3 : x^3$	$= 1$	$(-d)^5 \cdot (-d)^3$	$= (-d)^8 = d^8$
$x^3 \cdot x^2 \cdot x^5$	$= x^{10}$	$\left(\frac{d}{2}\right)^5 \cdot (-2d)^3$	$= -d^5 \cdot d^3 \frac{2^3}{2^5} = \frac{-d^8}{2^2} = -\frac{1}{4}d^8$
$(2y^7 : y^5) : y^2$	$= 2$	$\left(\frac{a}{3}\right)^3 \cdot a^3$	$= \frac{a^6}{3^3} = \frac{a^6}{27}$

4 Schreiben Sie ohne Klammer.

$(2a^4 \cdot b)^4$	$= 2^4 \cdot a^{4 \cdot 4} \cdot b^4 = 2^4 \cdot a^{16} \cdot b^4$	$(-2ab)^3$	$= -2^3 a^3 b^3$
$(x^3)^3 \cdot x^3$	$= x^{12}$	$(-1{,}2 \cdot x^2)^2$	$= 1{,}2^2 \cdot x^4$
$(y^2 : 3)^2 \cdot \frac{y^2}{3}$	$= \frac{y^6}{3^3}$	$\left(\frac{1}{3}9\right)^4$	$= \left(\frac{1}{3}\right)^4 \cdot 9^4$
$\left(\frac{0{,}5^2}{4} \cdot \frac{1}{2}\right)^2$	$= \left(\frac{1}{2^2 \cdot 2^2} \cdot \frac{1}{2}\right)^2 = \left(\frac{1}{2^5}\right)^2 = \frac{1}{2^{10}}$	$\left(\frac{2^5}{4^3}\right)^3$	$= \left(\frac{2^5}{2^6}\right)^3 = \left(\frac{1}{2}\right)^3 = \frac{1}{2^3}$

5 Schreiben Sie als Potenz.

$25 = 5^2$	$\frac{1}{8} = \left(\frac{1}{2}\right)^3$	$49 = 7^2$	$27 = 3^3$
$81 = 9^2$	$16 = 4^2 = 2^4$	$144 = 12^2$	$\frac{1}{27} = \frac{1}{3^3} = \left(\frac{1}{3}\right)^3$
$\frac{1}{9} = \frac{1}{3^2} = \left(\frac{1}{3}\right)^2$	$\frac{16}{49} = \left(\frac{4}{7}\right)^2$	$\frac{4}{25} = \left(\frac{2}{5}\right)^2$	$\frac{1}{81} = \left(\frac{1}{9}\right)^2 = \left(\frac{1}{3}\right)^4$

6 Verwenden Sie die kleinstmögliche Basis.

$4^5 = (2^2)^5 = 2^{10}$	$8^9 = (2^3)^9 = 2^{27}$
$25^3 = (5^2)^3 = 5^6$	$125^2 = (5^3)^2 = 5^6$
$9^5 = (3^2)^5 = 3^{10}$	$27^3 = (3^3)^3 = 3^9$

7 Vereinfachen Sie und berechnen Sie den Wert des Terms ohne Hilfsmittel.

$\frac{5^4 \cdot 5^4}{5^7}$	$= \frac{5^{4+4}}{5^7} = \frac{5^8}{5^7} = 5^1 = 5$	$\left(-\frac{1}{2}\right)^4$	$= \left(\frac{1}{2}\right)^4 = \frac{1}{16}$
$\frac{7^3 \cdot 7^4}{7^5}$	$= 7^2 = 49$	$\left(-\frac{2}{3}\right)^3$	$= -\left(\frac{2}{3}\right)^3 = -\frac{8}{27}$
$2^3 \cdot (-2)^2 \cdot 2^4$	$= 2^9 = 512$	$\left(\frac{2}{5} - 1\right)^2$	$= \left(-\frac{3}{5}\right)^2 = \left(\frac{3}{5}\right)^2 = \frac{9}{25}$
$(4^7 \cdot 2^7) : 8^5$	$= 8^7 : 8^5 = 8^2 = 64$	$\left(\frac{1}{2}\right)^7 \cdot 2^8$	$= \left(\frac{1}{2}\right)^7 \cdot 2^7 \cdot 2 = 2$

8 Wahr oder falsch? Begründen Sie.

a) Zehnerpotenzen sind Potenzen mit der Basis 10.
Begründung: 10^2; 10^5; die Basis ist 10.   ☒ w ☐ f

b) Der Potenzwert 3^{-2} hat ein anderes Vorzeichen als der Potenzwert 3^2.
Begründung: $10^{-1} = \frac{1}{10}$; das Vorzeichen bleibt gleich.   ☐ w ☒ f

c) $(-5)^2 = -5^2$, da der Exponent gerade ist.
Begründung: $(-5)^2$ ist positiv   ☐ w ☒ f

d) Potenziert man eine negative Zahl mit einem ungeraden Exponenten, so ist das Ergebnis stets negativ.
Begründung: $(-5)^3 = (-5)^2 \cdot (-5)$ Potenzwert ist negativ   ☒ w ☐ f

e) Werden zwei Potenzen mit gleicher Basis multipliziert, so werden die Exponenten multipliziert.
Begründung: $2^3 \cdot 2^3 = 2^6$ die Hochzahlen werden addiert.   ☐ w ☒ f

f) Es gibt Potenzen, bei denen man Exponent und Basis vertauschen darf.
Begründung: $1^1 = 1^1$ einzige Möglichkeit   ☒ w ☐ f

g) $2^{-1} = -2$ Begründung: $2^{-1} = \frac{1}{2}$ ☐ w ☒ f

h) $2^{-3} = -8$ Begründung: $2^{-3} = \frac{1}{2^3} = \frac{1}{8}$ ☐ w ☒ f

9 Multiplizieren Sie die Terme der benachbarten Steine und schreiben Sie das Ergebnis in Potenzschreibweise in den Stein darüber.

a)

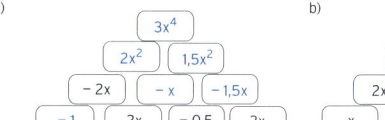

$3x^4$	
$2x^2$	$1{,}5x^2$
$-2x$	$-x$	$-1{,}5x$
-1	$2x$	$-0{,}5$	$3x$

b)

$-3x^8$	
$-2x^4$	$1{,}5x^4$
$2x^2$	$-x^2$	$-1{,}5x^2$
x	$2x$	$-0{,}5x$	$3x$

c)

$12x^9$	
$-24x^5$	$-0{,}5x^4$
$-12x^3$	$2x^2$	$-0{,}25x^2$
$3x$	$-4x^2$	$-0{,}5$	$0{,}5x^2$

d)

$-2 \cdot 10^{14}$	
$-2 \cdot 10^7$	10^7
$2 \cdot 10^3$	-10^4	-10^3
2	10^3	-10	10^2

10 Schreiben Sie mit positiver Hochzahl und berechnen Sie.

2^{-4}	$= \frac{1}{2^4} = \frac{1}{16}$	$(-5)^{-2}$	$= \frac{1}{5^2} = \frac{1}{25}$
$2^4 \cdot 4^{-2}$	$= \frac{2^4}{4^2} = 1$	$(-1)^5 \cdot (-2)^{-5}$	$= -\frac{1}{(-2)^5} = \frac{1}{2^5} = \frac{1}{32}$
$\left(\frac{6}{5}\right)^{-1}$	$= \frac{1}{\frac{6}{5}} = \frac{5}{6}$	$\left(\frac{1}{3}\right)^2 \cdot 3^{-2}$	$= \left(\frac{1}{3}\right)^2 \cdot \left(\frac{1}{3}\right)^2 = \left(\frac{1}{3}\right)^4 = \frac{1}{81}$

11 Formen Sie in die angegebenen Einheiten um.

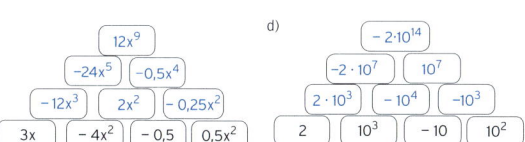

1,6 mg	g: $0{,}0016\,g = 1{,}6 \cdot 10^{-3}\,g$	kg: $1{,}6\,mg = 1{,}6 \cdot 10^{-6}\,kg$
4,5 ml	l: $4{,}5\,ml = 4{,}5 \cdot 10^{-3}\,l$	µl: $4{,}5\,ml = 4{,}5 \cdot 10^3\,µl$
24 kg	t: $24\,kg = 24 \cdot 10^{-3}\,t$	mg: $24\,kg = 24 \cdot 10^6\,mg$
3,5 cm	m: $3{,}5\,cm = 3{,}5 \cdot 10^{-2}\,m$	mm: $3{,}5\,cm = 3{,}5 \cdot 10^1\,mm$
12 µm	m: $12\,µm = 12 \cdot 10^{-6}\,m = 1{,}2 \cdot 10^{-5}\,m$	km: $12\,µm = 12 \cdot 10^{-9}\,km$

Lösungen

· · · · ·

Zehnerpotenzen

1 Schreiben Sie als Zehnerpotenz.

$10000 = 10^4$	$1\,000\,000 = 10^6$	$100 = 10^2$	$100000 = 10^5$
$0,1 = 10^{-1}$	$0,0001 = 10^{-4}$	$0,01 = 10^{-2}$	$0,00001 = 10^{-5}$

2 Schreiben Sie als Zehnerpotenz in der Form $a \cdot 10^n$ mit $1 \leq a \leq 10$.

$25\,000 = 25 \cdot 1000 = 25 \cdot 10^3 = 2,5 \cdot 10^4$ (a = 2,5)	
$0,0026 = 2,6 \cdot 10^{-3}$	$4\,250\,000 = 4,25 \cdot 10^6$
$63\,000 = 6,3 \cdot 10^4$	$0,000095 = 9,5 \cdot 10^{-5}$

3 Schreiben Sie ohne Zehnerpotenz.

$2,3 \cdot 10^5 = 2,3 \cdot 100\,000 = 230\,000$	
$0,7 \cdot 10^4 = 0,7 \cdot 10\,000 = 7\,000$	$-4 \cdot 10^{-3} = -4 \cdot 0,001 = -0,004$
$1,6 \cdot 10^3 = 1,6 \cdot 1000 = 1600$	$-9,2 \cdot 10^{-5} = -0,000092$

4 Schreiben Sie als Zehnerpotenz.

Vierhundertsechsundvierzigtausend: $446000 = 4,46 \cdot 10^5$

Achthundertzwölftausend: $812000 = 8,12 \cdot 10^5$

Vier Milliarden einhundertzwanzig Millionen: $4120000000 = 4,12 \cdot 10^9$

Ein Fünftausendstel: $\frac{1}{5000} = 5 \cdot 10^{-3}$

Zwei Billionen zweihundertvierzig Millionen: $2000240000000 = 2,00024 \cdot 10^{12}$

5 Welche Zahl zeigt das Display?

$2,125 \times 10^7$	$= 21\,250\,000$	$3,6 \times 10^9$	$= 3\,600\,000\,000$
2×10^{-5}	$= \frac{1}{50\,000}$	$\frac{1}{7500000000}$	$= 1,33 \cdot 10^{-9}$

II Gleichungen

1 Lineare Gleichungen

Eine Gleichung, bei der die Unbekannte (Lösungsvariable) nur als erste Potenz (x^1) vorkommt, heißt **lineare Gleichung.**

In der Regel ist die Grundmenge G = ℝ.

Die Menge aller Lösungen heißt Lösungsmenge L.

1 Berechnen Sie x, geben Sie die Lösungsmenge an und machen Sie die Probe.

$5x - 3 = 7$	$3x - 5 = 17$	$-4x + 10 = x$	$2x - 9 = 0$
$5x - 3 = 7 \mid +3$	$3x - 5 = 17 \mid +5$	$-4x + 10 = x \mid -x$	$2x - 9 = 0 \mid +9$
$5x = 10 \mid :5$	$3x = 22 \mid :3$	$-5x + 10 = 0$	$2x = 9 \mid :2$
$x = 2$	$x = \frac{22}{3}$	$-5x = -10$	$x = \frac{9}{2}$
		$x = 2$	
Lösungsmenge:	$L = \left\{\frac{22}{3}\right\}$	$L = \{2\}$	$L = \left\{\frac{9}{2}\right\}$
$L = \{2\}$			
Probe:			
$3 \cdot \frac{22}{3} - 5 = 17$	$-4 \cdot 2 + 10 = 2$	$2 \cdot \frac{9}{2} - 9 = 0$	
$5 \cdot 2 - 3 = 7$	$17 = 17$ (w)	$2 = 2$ (w)	$0 = 0$ (w)
$7 = 7$ wahr			

2 Lösen Sie die Gleichung.

$\frac{3}{2}x - 3 = 1,5$	$2 - \frac{2}{3}x = 1$	$-2x - 13 = x + 2$	$3(4 - 2x) = 0$
$\frac{3}{2}x - 3 = 1,5 \mid +3$	$2 - \frac{2}{3}x = 1 \mid \cdot 3$	$-2x - 13 = x + 2 \mid +2x$	$3(4 - 2x) = 0 \mid :3$
$\frac{3}{2}x = 4,5 \mid \cdot 2$	$6 - 2x = 3 \mid -6$	$-13 = 3x + 2 \mid -2$	$4 - 2x = 0$
$3x = 9 \mid :3$	$-2x = -3 \mid :(-2)$	$-15 = 3x \mid :3$	$4 = 2x$
$x = \frac{9}{3}$	$x = \frac{3}{2}$	$-\frac{15}{3} = x$	$2 = x$
$x = 3$		$x = -5$	oder:
			$12 - 6x = 0$
			$12 = 6x \mid :6$
			$2 = x$

3 Geben Sie die Lösungsmenge an.

$\frac{2}{3}x - \frac{2}{5} = \frac{2}{3}$	$\frac{4}{7} - \frac{2}{5}x = 0$	$3 - \frac{2}{3}x = x$	$-2(x - 4) = x - 3$
$\frac{2}{3}x - \frac{2}{5} = \frac{2}{3} \mid \cdot 15$	$\frac{4}{7} - \frac{2}{5}x = 0 \mid \cdot 35$	$3 - \frac{2}{3}x = x \mid +\frac{2}{3}x$	$-2(x - 4) = x - 3$
$10x - 6 = 10$	$20 - 14x = 0$	$3 = \frac{5}{3}x \mid \cdot 3$	$-2x + 8 = x - 3 \mid -x$
$10x = 16$	$14x = 20 \mid :14$	$9 = 5x \mid :5$	$-3x + 8 = -3 \mid -8$
$x = \frac{16}{10}$	$x = \frac{20}{14}$	$\frac{9}{5} = x$	$-3x = -11 \mid :(-3)$
$x = \frac{8}{5}$	$x = \frac{10}{7}$	$x = \frac{9}{5}$	$x = \frac{-11}{-3}$
			$x = \frac{11}{3}$
Lösungsmenge:	Lösungsmenge:	Lösungsmenge:	Lösungsmenge:
$L = \left\{\frac{8}{5}\right\}$	$L = \left\{\frac{10}{7}\right\}$	$L = \left\{\frac{9}{5}\right\}$	$L = \left\{\frac{11}{3}\right\}$

4 Für welche Zahl steht x? Stellen Sie dazu eine Gleichung auf und lösen Sie diese.

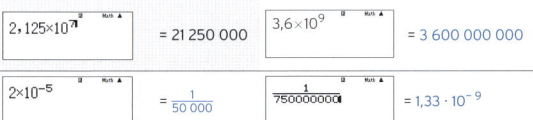

Gleichung: $3x - 5 + (-5 - 2x) = 18$ $3x + 6 + (2 - 5x) = -40$

Lösung: $x - 10 = 18$ $-2x + 8 = -40$

        $x = 28$ $-2x = -48$

Lösungsmenge: L = {28} $x = 24$

                        Lösungsmenge: L = {24}

5 Bestimmen Sie die Lösung.

$\frac{3}{2}(x - 1) = \frac{1}{4}$	$4(1 + 4x) = x$	$3(2x - 5) = 1 - x$
$\frac{3}{2}(x - 1) = \frac{1}{4} \mid \cdot 4$	$4(1 + 4x) = x$	$3(2x - 5) = 1 - x$
$6(x - 1) = 1$	$4 + 16x = x \mid -x$	$6x - 15 = 1 - x \mid +x$
$6x - 6 = 1$	$4 + 15x = 0 \mid -4$	$7x - 15 = 1 \mid +15$
$6x = 7$	$15x = -4 \mid :15$	$7x = 16 \mid :7$
$x = \frac{7}{6}$	$x = -\frac{4}{15}$	$x = \frac{16}{7}$

$5(2 - \frac{2}{3}x) = 1$	$-2(x - \frac{10}{7}) = 0$	$\frac{4}{7} - \frac{2}{5}x = \frac{2}{5}(x + 1)$
$5(2 - \frac{2}{3}x) = 1$	$-2(x - \frac{10}{7}) = 0 \mid :(-2)$	$\frac{4}{7} - \frac{2}{5}x = \frac{2}{5}x + \frac{2}{5} \mid \cdot 35$
$10 - \frac{10}{3}x = 1 \mid \cdot 3$	$x - \frac{10}{7} = 0 \mid +\frac{10}{7}$	$20 - 14x = 14x + 14 \mid -14x$
$30 - 10x = 3 \mid -30$	$x = \frac{10}{7}$	$20 - 28x = 14 \mid -20$
$-10x = -27 \mid :(-10)$	Auch mit	$-28x = -6 \mid :28$
$x = \frac{-27}{-10}$	Ausmultiplizieren.	$x = \frac{-6}{-28}$
$x = \frac{27}{10}$		$x = \frac{3}{14}$

6 Bestimmen Sie die Lösungsmenge L der Gleichung.

a) $5(3x - 2) - 2(7x - 1) = 16$

Gleichung:	$5(3x - 2) - 2(7x - 1) = 16$
Klammern auflösen:	$15x - 10 - 14x + 2 = 16$
Zusammenfassen:	$x - 8 = 16$
	$x = 24$ $L = \{24\}$

b) $\frac{1}{2}(5x - 12) - \frac{2}{3}(6x - 18) = \frac{5}{6}(6 - 3x)$

Gleichung:	$\frac{1}{2}(5x - 12) - \frac{2}{3}(6x - 18) = \frac{5}{6}(6 - 3x)$.
Klammern auflösen:	$\frac{5}{2}x - 6 - 4x + 12 = 5 - \frac{5}{2}x$
Zusammenfassen:	$-\frac{3}{2}x + 6 = 5 - \frac{5}{2}x$
	$x = -1$

7 Finden Sie die Fehler und berichtigen Sie die Fehler.

2x + 1 = 5 |−1	3(x − 2) = 4	− 8x + 4 = 0 |− 4
2x = ~~5~~ 4 |:2	3x − ~~2~~ 6 = 4 |~~+~~ 2 + 6	− 8x = − 4 |:(− 8)
x = ~~2,5~~ 2	3x = ~~6~~ 10 |:3	x = 0,5
	x = 2 $\frac{10}{3}$	
Probe: 2 · ~~2,5~~ 2 + 1 = 5	Probe: 3 · (2 $\frac{10}{3}$ − 2) = 4	Probe: − 8 · 0,5 + 4 = 0
wahre Aussage	wahre Aussage	wahre Aussage
Probe in der gegebenen Gleichung.		2 Vorzeichenfehler

8 Stellen Sie eine Gleichung auf und lösen Sie diese.

A: Für welche Zahl x ist das Doppelte der Summe (2x + 4) gleich 30?	2(2x + 4) = 30
	4x + 8 = 30
	4x = 22
	x = $\frac{22}{4}$ = $\frac{11}{2}$ = 5,5 Die Zahl heißt 5,5.
B: Maximilian kauft Öl zu 65 Cent pro Liter. Zusammen mit einer Gefahrgutzulage von 10 € zahlt er 2324 €. Wie viel Liter hat er getankt?	x: Menge des getankten Öls in Liter
	0,65x + 10 = 2324
	0,65x = 2314
	x = $\frac{2314}{0,65}$ = 3560
	Maximilian hat 3560 Liter getankt.
C: Eine Taxifahrt kostet eine Grundgebühr von 3 €, jede Minute Fahrtzeit 0,75 €. Frauke zahlt 21,75 €. Wie lange dauert die Fahrt?	x: Fahrtzeit in Minuten
	0,75x + 3 = 21,75
	0,75x = 18,75
	x = $\frac{18,75}{0,75}$ = 25
	Die Fahrt dauert 25 Minuten.

9 Stellen Sie die Formel nach jeder Variablen um.

A = $\frac{1}{2}$(a + c) · h

h:	a:	c:
2A = (a + c) · h	2A = (a + c) · h	2A = (a + c) · h
h = $\frac{2A}{a + c}$	$\frac{2A}{h}$ = a + c	$\frac{2A}{h}$ = a + c
	a = $\frac{2A}{h}$ − c	c = $\frac{2A}{h}$ − a

27

10 Lösen Sie die Gleichung und machen Sie die Probe.

(x + 1)(x − 3) = x^2 − 10	(x + 6)(x + 8) = x^2 + 20
x^2 − 3x + x − 3 = x^2 − 10 | − x^2	x^2 + 8x + 6x + 48 = x^2 + 20
− 2x − 3 = − 10	14x + 48 = 20
− 2x = − 7	14x = − 28
x = $\frac{7}{2}$ = 3,5	x = − 2
Probe: (3,5 + 1)(3,5 − 3) = $3,5^2$ − 10	Probe: (− 2 + 6)(− 2 + 8) = $(− 2)^2$ + 20
2,25 = 2,25 (w)	24 = 24 (w)

11 Lösen Sie die Formel nach jeder Variablen auf.

Kantenlänge: L = 4(a + b + c)

$\frac{L}{4}$ = a + b + c ;

a = $\frac{L}{4}$ − b − c ;   b = $\frac{L}{4}$ − a − c ;   c = $\frac{L}{4}$ − a − b

Volumen: V = $\frac{1}{3}$ · $\frac{a · b}{2}$ · h

V = $\frac{1}{6}$ · a · b · h ; 6V = a · b · h

a = $\frac{6V}{b · h}$; b = $\frac{6V}{a · h}$; h = $\frac{6V}{a · b}$

Oberfläche: O = 2 · G + u · h

2 · G = O − u · h ;   G = $\frac{O − u · h}{2}$

u · h = O − 2 · G ; u = $\frac{O − 2 · G}{h}$; h = $\frac{O − 2 · G}{u}$

12 Ergänzen Sie, sodass x = 1 bzw. x = − 3,5 Lösungen sind.

4x − △ = − 6	□ · x + 8 = 1
x = 1 einsetzen: 4 · 1 − △ = − 6	x = 1 einsetzen: □ · 1 + 8 = 1
△ = 10	□ = − 7
x = − 3,5 einsetzen: 4 · (− 3,5) − △ = − 6	x = − 3,5 einsetzen: □·(− 3,5) + 8 = 1
− 14 − △ = − 6	− 3,5□ = − 7
△ = − 8	□ = 2

28

Prozentrechnung

1 Rechnen Sie im Kopf.

5 % von 500 €:	10 % ≙ 50 €	10 % ≙ 250 €
	5 % ≙ 25 €	100 % ≙ 250 € · 10 = 2500 €

a)	30 % ≙ 300 Autos	30 % ≙ 300 A	b) 8 m von 160 m	10 % ≙ 16 m
	100 %?	10 % ≙ 100 A	? %	5 % ≙ 8 m
		100 % ≙ 1 000 A		
c)	20 % von 50 m²	10 % ≙ 5 m²	d) 5 % ≙ 10 kg	5 % ≙ 10 kg
		20 % ≙ 10 m²	100 %?	10 % ≙ 20 kg
				100 % ≙ 200 kg
e)	120 % von 60 km:	100 % ≙ 60 km	f) 125 % ≙ 200 cm	25 % ≙ 40 cm
		20 % ≙ 12 km	100 %?	
		120 % ≙ 72 km		100 % ≙ 160 cm
g)	80 kg von 50 kg	50 kg ≙ 100 %	h) 110 % von 220 m	100 % ≙ 220 m
	? %	10 kg ≙ 20 %		10 % ≙ 22 m
		80 kg ≙ 160 %		110 % ≙ 242 m
i)	140 % ≙ 5,60 m	$\frac{560}{14}$ = 40	j) 210 dm von 150 dm	150 dm ≙ 100 %
	100 %?	10 % ≙ 0,40 m	? %	30 dm ≙ 20 %
		100 % ≙ 4,00 m		210 dm ≙ 140 %
k)	90 kg von 300 kg	$\frac{30}{300}$ = 0,1	l) 50 € von 200 €	10 % ≙ 20 €
	? %	10 % ≙ 30 kg	? %:	25 % ≙ 50 €
		30 % ≙ 90 kg		

29

Prozentrechnung

Begriffe: Prozentwert W; Grundwert G; Prozentsatz p%

Formel: W = G · p %

2 Berechnen Sie.

Nettopreis: 180 €; Mehrwertsteuer: 19 %	Bruttopreis W: W = G · p % = 180 € · 1,19 = 214,2 €
a) Preis vor dem 01.01.: 246 € Preisnachlass zum 01.01: 15 %	Preis nach dem 01.01.: W W = G · p % = 246 € · 0,85 = 209,10 €
b) Preis für einen Döner wird um 5 % auf 4,20 € erhöht.	Preis vor der Erhöhung: G G = $\frac{W}{p \%}$ = $\frac{4,20}{1,05}$ = 4 (€)
c) 50 l Eistee kosten inklusive 10 % Lieferung 165 €.	Nettopreis: G G = $\frac{W}{p \%}$ = $\frac{165}{1,10}$ = 150 (€)
d) Der Schlüsseldienst kostet 120 € zuzüglich 30 % Feiertagszuschlag.	Gesamtkosten: W W = G · p % = 120 € · 1,30 = 156 €
e) Ein Vorführwagen kostet 12500 €. Bei Barzahlung gibt es 3 % Rabatt.	Preis bei Barzahlung: G W = G · p % = 12500 € · $\frac{97}{100}$ = 12125 €
f) Das um 25 % reduzierte Hemd kostet jetzt noch 69 €.	Alter Preis: W G = $\frac{W}{p \%}$ = $\frac{69 €}{0,75}$ = 92 €
g) Bruttopreis: 38,84 €; Mehrwertsteuer: 7 %	Nettopreis: G G = $\frac{W}{p \%}$ = $\frac{38,84 €}{1,07}$ = 36,30 €
h) Nettogewicht: 17,2 kg Verpackung: 5 %	Bruttogewicht: W W = G · p % = 17,2 kg · $\frac{105}{100}$ = 18,06 kg

30

109

Lösungen
. . . . .

3 Wieviel Steuern erhält der Staat?

a) Ein Pkw wird inklusive 19 % Mehrwertsteuer für 14875 € verkauft.

$119\ \% \ \widehat{=}\ 14875\ €$

$19\ \% \ \widehat{=}\ 14875\ € \cdot \frac{19}{119} = 2375\ €$

b) Eine Reparatur kostet inklusive 19 % Mehrwertsteuer 216,58 €.

$119\ \% \ \widehat{=}\ 216,58\ €$

$19\ \% \ \widehat{=}\ 216,58\ € \cdot \frac{19}{119} = 34,58\ €$

c) Der Preis für ein Buch beträgt einschließlich 7 % Mwst. 17,12 €.

$107\ \% \ \widehat{=}\ 17,12\ €$

$7\ \% \ \widehat{=}\ 17,12\ € \cdot \frac{7}{107} = 1,12\ €$

d) Die heutige Warenlieferung für den Supermarkt hat inklusive 7 % Umsatzsteuer eine Wert von 2741,34 €.

$107\ \% \ \widehat{=}\ 2741,34\ €$

$7\ \% \ \widehat{=}\ 2741,34\ € \cdot \frac{7}{107} = 179,34\ €$

e) Pauls Vater tankt für 56 Liter Diesel zu je 1,179 € pro Liter. Diesel wird hier mit 55,9 % Steuern belegt.

56 Liter Diesel kosten $56 \cdot 1,179\ €$

$= 66,02\ €$

55,9 % von 66,02 € = 36,91 €

f) Der Bruttopreis für ein Ersatzteil liegt bei 63,07 €.

$119\ \% \ \widehat{=}\ 63,07\ €$

$19\ \% \ \widehat{=}\ 63,07\ € \cdot \frac{19}{119} = 10,07\ €$

g) Im Bekleidungshaus sind Schuhe für 149 € ausgezeichnet.

$119\ \% \ \widehat{=}\ 149\ €$

$19\ \% \ \widehat{=}\ 149\ € \cdot \frac{19}{119} = 23,79\ €$

4 Jan behauptet: Dem Diagramm kann man entnehmen, dass sich der Preis um den gleichen Prozentsatz zuerst erhöht und dann wieder gesenkt hat. Überprüfen Sie, ob Jan Recht hat.

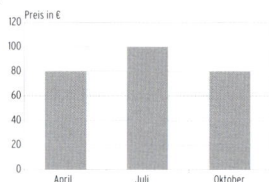

Steigerung von 80 € auf 100 €

entspricht einer Erhöhung um 25 %. Rückgang von 100 € auf 80 € entspricht einer

Senkung um 20 %. Jan hat nicht Recht.

5 Vervollständigen Sie die Tabelle.

alter Preis in €	1200	2560	458	471,5
neuer Preis in €	1260	2649,6	444,26	509,22
Preissenkung (1) Preiserhöhung (2)	(2) 5 %	(2) 3,5 %	(1) 3 %	(2) 8 %

Zinsrechnung

Zinsrechnung Begriffe: **Kapital K**   **Zinsen Z**   **Zinssatz p %**

Formel für die Jahreszinsen: $Z = K \cdot \frac{p}{100}$

Formel für die Zinsen für t Tage : $Z = K \cdot \frac{p}{100} \cdot \frac{t}{360}$

1 Füllen Sie die Tabelle aus.

Kapital in €	Zinssatz p%	Jahreszinsen in €
3400	1,5	$Z = K \cdot \frac{p}{100} = 3400 \cdot \frac{1,5}{100} = 51$
1200	0,75	9
5100	1,4	71,4
720	2,2	15,84

2 Berechnen Sie die fehlende Größe.

Kapital in €	Zinssatz p %	Zinsen in € für 3 Monate
680	2,5	$Z = 680 \cdot \frac{2,5}{100} \cdot \frac{3}{12} = 4,25$
3200	1,5	12
1250	1,25	$Z = 1250 \cdot \frac{1,25}{100} \cdot \frac{3}{12} = 3,91$
950	3,0	7,2

---

3 Ergänzen Sie die Tabelle.

Kapital in €	Zinssatz p in %	Zinsen in € für 20 Tage
12000	1,25	8,33
3085,71	3,5	6
11250	4	25

4 Wie viele Zinsen erhalten Sie für den angebenen Zeitraum?

	Guthaben in €	Zinssatz p %	Zeitraum (1 Monat $\widehat{=}$ 30 Tage)	Zinsen in €
a)	2300	1,5	30 Tage	2,88
b)	25000	3,75	Ende Januar bis Ende April	234,38
c)	1700	0,25	9 Monate	3,19
d)	8250	2,3	25. September bis 10. Oktober	$8250 \cdot \frac{2,3}{100} \cdot \frac{16}{360} = 8,43$

5 Herr John hat sein Girokonto um 500 € überzogen. Die Bank bucht am Quartalsende 2,26 € Überziehungszinsen ab. Der Zinssatz beträgt 12,6 %. Wie lange war das Konto überzogen?

Formel für die Zinsen für t Tage : $Z = K \cdot \frac{p}{100} \cdot \frac{t}{360}$

Einsetzen ergibt: $2,26 = 500 \cdot \frac{12,6}{100} \cdot \frac{t}{360}$

Auflösen nach t: $t = 12,91$

Das Konto war 13 Tage überzogen.

---

6 Berechnen Sie.

a) Hans hat zu Beginn des Jahres 380 € auf dem Sparbuch bei 1,5 % Zinsen. Wieviel Zinsen bekommt er nach einem Jahr?

$380\ € \cdot \frac{1,5}{100} = 5,70\ €$

Zinsen 5,70 €

b) Oma hat 8600 € angelegt und erhält nach einem Jahr 236,50 € Zinsen. Wie hoch ist der Zinssatz?

$\frac{236,50\ €}{8600\ €} = 0,0275$

Zinssatz 2,75 %

c) Jonas bekommt 3,2% Jahreszinsen und hebt am Jahresende 180 € Zinsen ab. Wie hoch war sein Guthaben zu Beginn des Jahres?

$180\ € \ \widehat{=}\ 3,2\%$ von 5625 €

Guthaben zu Beginn des Jahres: 5625 €

d) Für einen Kredit über 46000 € über ein halbes Jahr muss Herr Franz 1035 € Zinsen bezahlen. Wie hoch ist der Zinssatz?

$1035 = 46000 \cdot \frac{p}{100} \cdot \frac{180}{360}$

$p = \frac{1035 \cdot 100 \cdot 2}{46000} = 4,5$

Zinssatz 4,5 %

e) Pauls Vater stellt fest, dass er am Jahresende 882,36 € auf dem Festgeldkonto hat. Er erhält 3,2 % Zinsen. Wie hoch war sein Guthaben zu Beginn des Jahres?

$103,2\ \% \ \widehat{=}\ 882,36\ €$

$100\ \% \ \widehat{=}\ 882,36\ € \cdot \frac{100}{103,2}$

$100\ \% \ \widehat{=}\ 855\ €$

Guthaben zu Beginn des Jahres: 855 €

f) Herr Bohn zahlt die Rechnung über 350 €, indem er sein Konto überzieht. Für diesen Kredit berechnet ihm die Bank 11,8 %. Welchen Betrag muss er aufwenden, wenn er den Kredit nach 3 Monaten zurückzahlt?

$Z = 350\ € \cdot \frac{11,8}{100} \cdot \frac{90}{360}$

$Z = 10,325\ €$

350 € + 10,33 € = 360,33 €

Er wendet einen Betrag von 360,33€ auf.

2 Bruchgleichungen

Bei einer **Bruchgleichung** steht die Lösungsvariable im Nenner.

1 Welche Zahlen dürfen in den Term nicht eingesetzt werden?

	−2	−1	0	1	3
$\frac{12}{x}$			×		
$\frac{9}{2x-6}$					×

	−2	−1	0	1	3
$\frac{-x}{4x+8}$	×				
$\frac{4}{x-1}$				×	

2 Bestimmen Sie die größtmögliche Definitionsmenge.

$\frac{3}{x-5}$	$x-5=0$	$D = \mathbb{R}\backslash\{5\}$
	$x = 5$	
$\frac{50}{x}$	$x = 0$	$D = \mathbb{R}\backslash\{0\}$
$\frac{-5}{2x-3}$	$2x-3=0$	
	$x = 1{,}5$	$D = \mathbb{R}\backslash\{1{,}5\}$

$\frac{7}{2x}$	$x = 0$	$D = \mathbb{R}\backslash\{0\}$
$\frac{-1}{x-1}$	$x-1=0$	
	$x = 1$	$D = \mathbb{R}\backslash\{1\}$
$\frac{2x}{7-x}$	$7-x=0$	
	$x = 7$	$D = \mathbb{R}\backslash\{7\}$

3 Bestimmen Sie die Lösungsmenge L. Machen Sie die Probe.

$\frac{3}{2(x-1)} = \frac{1}{4}$	$\frac{5}{x} = 3$	$3 - \frac{6}{x} = 0$	$\frac{5}{2-x} = 1$
$D = \mathbb{R}\backslash\{1\}$	$D = \mathbb{R}\backslash\{0\}$	$D = \mathbb{R}\backslash\{0\}$	$D = \mathbb{R}\backslash\{2\}$
$\frac{3}{2(x-1)} = \frac{1}{4} \mid \cdot 4$	$\frac{5}{x} = 3 \mid \cdot x$	$3 - \frac{6}{x} = 0$	$\frac{5}{2-x} = 1 \mid \cdot (2-x)$
$\frac{6}{(x-1)} = 1 \mid \cdot (x-1)$	$5 = 3x \mid : 3$	$3 = \frac{6}{x} \mid \cdot x$	$5 = 2-x$
$6 = x-1$	$\frac{5}{3} = x$	$3x = 6 \mid : 3$	$x = -3$
$x = 7$		$x = 2$	
$L = \{7\}$	$L = \{\frac{5}{3}\}$	$L = \{2\}$	$L = \{-3\}$
Probe:	Probe:	Probe:	Probe:
$\frac{3}{2(7-1)} = \frac{1}{4}$	$\frac{5}{5} = 3$	$3 - \frac{6}{2} = 0$	$\frac{5}{2-(-3)} = 1$
$\frac{3}{12} = \frac{1}{4}$ wahr	$\frac{5}{\frac{5}{3}} = 3$	$0 = 0$ wahr	$\frac{5}{5} = 1$ wahr
	$5 \cdot \frac{3}{5} = 3$		
	$3 = 3$ wahr		

4 Bestimmen Sie die Lösungsmenge L.

$\frac{-2}{2x+1} = 0$	$\frac{1}{5(x-3)} = \frac{1}{2}$	$\frac{-15}{3+x} = 10$	$\frac{12}{2-2x} = \frac{1}{4}$
$D = \mathbb{R}\backslash\{-\frac{1}{2}\}$	$D = \mathbb{R}\backslash\{3\}$	$D = \mathbb{R}\backslash\{-3\}$	$D = \mathbb{R}\backslash\{1\}$
$\frac{-2}{2x+1} = 0 \mid \cdot 2x+1$	$\frac{1}{5(x-3)} = \frac{1}{2} \mid \cdot (x-3)$	$\frac{-15}{3+x} = 10 \mid \cdot (3+x)$	$\frac{12}{2-2x} = \frac{1}{4} \mid \cdot (2-2x)$
$-2 = 0$	$\frac{1}{5} = \frac{1}{2}(x-3) \mid \cdot 10$	$-15 = 10(3+x)$	$12 = \frac{1}{4}(2-2x) \mid \cdot 4$
falsche	$2 = 5(x-3)$	$-15 = 30 + 10x$	$48 = 2 - 2x$
Aussage	$2 = 5x - 15$	$10x = -45$	$2x = -46 \mid : 2$
keine Lösung	$5x = 17$	$x = -4{,}5$	$x = -23$
$L = \{\}$	$x = \frac{17}{5} = 3{,}4$		
	$L = \{3{,}4\}$	$L = \{-4{,}5\}$	$L = \{-23\}$

5 Jana und Tom lösen die folgende Gleichung $\frac{4}{x-4} = \frac{2}{3}$.

Finden Sie die Fehler und lösen Sie die Gleichung.

Jana:
$$\frac{4}{x-4} = \frac{2}{3}$$
$$\frac{12}{x-12} = 2$$
$$12 = 2(x-12)$$
$$6 = x-6$$
$$x = 12$$

Tom:
$$\frac{4}{x-4} = \frac{2}{3}$$
$$\frac{12}{x-4} = 2$$
$$12 = 2 \cdot x - 4$$
$$6 = x - 4$$
$$x = 10$$

Korrekte Lösung
$$\frac{4}{x-4} = \frac{2}{3} \qquad \mid \cdot (x-4)$$
$$4 = \frac{2}{3}(x-4) \qquad \mid \cdot 3$$
$$12 = 2(x-4) \qquad \mid : 2$$
$$6 = x-4$$
$$x = 10$$

Fehler bei Jana: 1. Zeile $\mid \cdot 3$ ergibt $\frac{12}{x-4} = 2$

3. Zeile $12 = 2(x-12) \mid :2$

$6 = x - 12$

Fehler bei Tom: 2. Zeile $\frac{12}{x-4} = 2 \mid \cdot (x-4)$

$12 = 2(x-4)$

3. Zeile $12 = 2x - 4 \mid :2$

$6 = x - 2$

3 Quadratische Gleichungen

Reinquadratische Gleichungen

Eine **reinquadratische Gleichung** hat die Form $ax^2 + c = 0$; $a \neq 0$.

Bestimmung der Lösung durch Auflösen nach x^2 und Wurzel ziehen.

1 Bestimmen Sie die Lösungsmenge L.

$2x^2 = 5$	$5x^2 - 2 = 0$	$-2 + 2x^2 = 1$	$-\frac{2}{3} + \frac{4}{5}x^2 = -\frac{1}{2}$
$2x^2 = 5 \mid : 2$	$5x^2 = 2$	$2x^2 = 3$	$-\frac{2}{3} + \frac{4}{5}x^2 = -\frac{1}{2} \mid \cdot 30$
$x^2 = \frac{5}{2}$	$x^2 = \frac{2}{5} = 0{,}4$	$x^2 = 1{,}5$	$-20 + 24x^2 = -15$
$x_{1\mid2} = \pm\sqrt{\frac{5}{2}}$	$x_{1\mid2} = \pm\sqrt{0{,}4}$	$x_{1\mid2} = \pm\sqrt{1{,}5}$	$24x^2 = 5 \mid : 24$
2 Lösungen	2 Lösungen	2 Lösungen	$x^2 = \frac{5}{24}$
Lösungsmenge:	$L = \{\pm\sqrt{0{,}4}\}$	$L = \{\pm\sqrt{1{,}5}\}$	$x_{1\mid2} = \pm\sqrt{\frac{5}{24}}$
$L = \{\pm\sqrt{\frac{5}{2}}\}$			2 Lösungen
			$L = \{\pm\sqrt{\frac{5}{24}}\}$

2 Bestimmen Sie x.

a) 4 Quadrate mit der Seitenlänge x cm haben einen gesamten Flächeninhalt

von 120 cm². Bestimmen Sie die Seitenlänge.

Ansatz: $4x^2 = 120$

Auflösung: $x^2 = 30$ und damit wegen $x > 0$: $x = \sqrt{30} \approx 5{,}5$

Die Seitenlänge beträgt etwa 5,5 cm.

b) Ein Rechteck mit den Seitenlängen x cm und 4x cm hat einen gesamten Flächen-

inhalt von 64 cm². Bestimmen Sie die Seitenlängen.

Ansatz: $x \cdot 4x = 4x^2 = 64$

Auflösung: $x^2 = 16$ und damit wegen $x > 0$: $x = 4$

Die Seitenlängen betragen 4 cm und 16 cm.

3 Erklären Sie, warum die Gleichung $x^2 + 2 = 0$ keine Lösung hat.

Auflösung: $x^2 = -2$ und damit wegen $x^2 \geq 0$ keine Lösung

Gemischt quadratische Gleichungen

Eine **quadratische Gleichung** der Form $ax^2 + bx + c = 0$; $a \neq 0$, hat die Lösung

$$x_{1\mid2} = \frac{-b \pm \sqrt{b^2 - 4ac}}{2a}$$

Die Diskriminante $D = b^2 - 4ac$ entscheidet über die Lösungsvielfalt.

1 Bestimmen Sie die Diskriminante und geben Sie die Anzahl der Lösungen an.

$x^2 + 2x - 6 = 0$	$a = 1$; $b = 2$; $c = -6$; $D = 4 - 4 \cdot 1 \cdot (-6) = 28 > 0$; 2 Lösungen
$x^2 - 4x - 1 = 0$	$a = 1$; $b = -4$; $c = -1$; $D = 16 - 4 \cdot 1 \cdot (-1) = 20 > 0$; 2 Lösungen
$2x^2 + x + 5 = 0$	$a = 2$; $b = 1$; $c = 5$; $D = 1 - 4 \cdot 2 \cdot 5 = -39 < 0$; keine Lösung
$0{,}5x^2 - 4x + 8 = 0$	$a = 0{,}5$; $b = -4$; $c = 8$; $D = 16 - 4 \cdot 0{,}5 \cdot 8 = 0$; 1 Lösung

2 Bestimmen Sie die Lösungsmenge L.

$x^2 - 3x + 1 = 0$	$x^2 + 4x - 5 = 0$	$x^2 + 2x - 6 = 0$
$a = 1$; $b = -3$; $c = 1$	$a = 1$; $b = 4$; $c = -5$	$a = 1$; $b = 2$; $c = -6$
$x_{1\mid2} = \frac{3\pm\sqrt{(-3)^2 - 4}}{2}$	$x_{1\mid2} = \frac{-4\pm\sqrt{4^2 - 4\cdot(-5)}}{2}$	$x_{1\mid2} = \frac{-2\pm\sqrt{2^2 - 4\cdot(-6)}}{2}$
$x_{1\mid2} = \frac{3\pm\sqrt{5}}{2}$	$x_{1\mid2} = \frac{-4\pm\sqrt{36}}{2} = \frac{-4\pm6}{2}$	$x_{1\mid2} = \frac{-2\pm\sqrt{28}}{2}$
	$x_1 = -5$; $x_2 = 1$	
2 Lösungen	2 Lösungen	2 Lösungen
$L = \{\frac{3-\sqrt{5}}{2} ; \frac{3+\sqrt{5}}{2}\}$	$L = \{-5; 1\}$	$L = \{\frac{-2-\sqrt{28}}{2}; \frac{-2+\sqrt{28}}{2}\}$

$2x^2 - 5x + 4 = 0$	$-2 + x + \frac{1}{2}x^2 = 0$	$4x^2 = 12x + 40$
$a = 2$; $b = -5$; $c = 4$	$a = \frac{1}{2}$; $b = 1$; $c = -2$	$4x^2 - 12x - 40 = 0 \mid : 4$
$x_{1\mid2} = \frac{5\pm\sqrt{(-5)^2 - 4\cdot2\cdot4}}{4}$	$x_{1\mid2} = \frac{-1\pm\sqrt{1^2 - 4\cdot\frac{1}{2}\cdot(-2)}}{1}$	$x^2 - 3x - 10 = 0$
$x_{1\mid2} = \frac{5\pm\sqrt{-7}}{4}$	$x_{1\mid2} = -1 \pm \sqrt{5}$	$a = 1$; $b = -3$; $c = -10$
$D < 0$; keine Lösungen	$D > 0$; zwei Lösungen	$x_{1\mid2} = \frac{3\pm\sqrt{(-3)^2 - 4\cdot(-10)}}{2}$
		$x_{1\mid2} = \frac{3\pm\sqrt{49}}{2} = \frac{3\pm7}{2}$
$L = \{\}$	$L = \{-1-\sqrt{5} ; -1+\sqrt{5}\}$	$x_1 = 5$; $x_2 = -2$
		$L = \{5; -2\}$

Lösungen

3 Bestimmen Sie alle Lösungen.

$x^2 - 5x + 4 = 0$	$x^2 + 6x = 1$	$x^2 + 4x = -7$
$a = 1;\ b = -5;\ c = 4$	$x^2 + 6x - 1 = 0$	$x^2 + 4x + 7 = 0$
$x_{1\mid2} = \frac{5 \pm \sqrt{(-5)^2 - 4\cdot4}}{2}$	$a = 1;\ b = 6;\ c = -1$	$a = 1;\ b = 4;\ c = 7$
$x_{1\mid2} = \frac{5 \pm \sqrt{9}}{2}$	$x_{1\mid2} = \frac{-6 \pm \sqrt{6^2 - 4\cdot(-1)}}{2}$	$x_{1\mid2} = \frac{-4 \pm \sqrt{4^2 - 4\cdot7}}{2}$
$x_{1\mid2} = \frac{5 \pm 3}{2}$	$x_{1\mid2} = \frac{-6 \pm \sqrt{40}}{2}$	$x_{1\mid2} = \frac{-4 \pm \sqrt{-12}}{2}$
$x_1 = 1;\ x_2 = 4$	$x_1 = \frac{-6 - \sqrt{40}}{2} = -6{,}16$	Wegen $D = -12 < 0$
	$x_2 = \frac{-6 + \sqrt{40}}{2} = 0{,}16$	gibt es keine Lösung.

$\frac{1}{2}x^2 - \frac{5}{2}x + 1 = 0$	$3x + \frac{1}{3}x^2 = 4$	$\frac{3}{2}x^2 = 6x - 6$
$x^2 - 5x + 2 = 0$	$x^2 + 9x - 12 = 0$	$\frac{3}{2}x^2 - 6x + 6 = 0$
$a = 1;\ b = -5;\ c = 2$	$a = 1;\ b = 9;\ c = -12$	$a = 1{,}5;\ b = -6;\ c = 6$
$x_{1\mid2} = \frac{5 \pm \sqrt{(-5)^2 - 4\cdot2}}{2}$	$x_{1\mid2} = \frac{-9 \pm \sqrt{9^2 - 4\cdot(-12)}}{2}$	$x_{1\mid2} = \frac{6 \pm \sqrt{(-6)^2 - 4\cdot1{,}5\cdot6}}{2\cdot1{,}5}$
$= \frac{5 \pm \sqrt{17}}{2}$	$= \frac{-9 \pm \sqrt{129}}{2}$	$= \frac{6 \pm \sqrt{0}}{3}$
$x_1 = \frac{5 - \sqrt{17}}{2} = 0{,}44$	$x_1 = \frac{-9 - \sqrt{129}}{2} = -10{,}18$	Wegen $D = 0$
$x_2 = \frac{5 + \sqrt{17}}{2} = 4{,}56$	$x_2 = \frac{-9 + \sqrt{129}}{2} = 1{,}18$	gibt es eine Lösung.
		$x_{1\mid2} = \frac{6}{3} = 2$

4 Lösen Sie die Gleichung nach x auf.

a) $x^2 + 2x - 6 = 3x^2 + 2$

Nullform: $2x^2 - 2x + 8 = 0 \quad |:2$

$\qquad x^2 - x + 4 = 0$

$a = 1;\ b = -1;\ c = 4 \qquad\qquad x_{1\mid2} = \frac{1 \pm \sqrt{1^2 - 4\cdot4}}{2} = \frac{1 \pm \sqrt{-15}}{2}$

$D < 0$; die Gleichung hat keine Lösung.

b) $\frac{1}{2}x^2 + x + 4 = -\frac{1}{2}x + \frac{23}{8}$

Nullform: $\frac{1}{2}x^2 + \frac{3}{2}x + \frac{9}{8} = 0 \quad |\cdot8$

$\qquad 4x^2 + 12x + 9 = 0$

$a = 4;\ b = 12;\ c = 9 \qquad\qquad x_{1\mid2} = \frac{-12 \pm \sqrt{12^2 - 4\cdot4\cdot9}}{8} = \frac{-12 \pm \sqrt{0}}{8}$

$D = 0$; die Gleichung hat eine Lösung. $\qquad x_{1\mid2} = -\frac{3}{2}$

5 Die quadratische Gleichung hat zwei, eine oder keine Lösung. Entscheiden Sie.

Geben Sie die Lösungen an.

a) $x^2 + 12x + 67 = 3 - 4x$ $\qquad\qquad$ Nullform: $x^2 + 16x + 64 = 0$

Diskriminante: $D = 16^2 - 4 \cdot 64 = 0$

Die Gleichung hat eine Lösung: $x_{1\mid2} = -8$

b) $\frac{1}{2}x^2 + 5x + 4 = -\frac{3}{2}x^2 + \frac{5}{2}$ $\qquad$ Nullform: $2x^2 + 5x + \frac{3}{2} = 0$

Diskriminante: $D = 5^2 - 4 \cdot 2 \cdot \frac{3}{2} = 13 > 0$

Die Gleichung hat zwei Lösungen: $x_1 = -0{,}35;\ x_2 = -2{,}15$

c) $(x + 1)^2 - 3x^2 = -4(x - 3)$

$x^2 + 2x + 1 - 3x^2 = -4x + 12$ $\qquad$ Nullform: $-2x^2 + 6x - 11 = 0$

Diskriminante: $D = 6^2 - 4 \cdot (-2) \cdot (-11) = -52 < 0$

Die Gleichung hat keine Lösung

6 Ergänzen Sie die quadratische Gleichung so, dass sie a) eine Lösung

b) zwei Lösungen c) keine Lösung hat. Machen Sie die Probe.

Gleichung:	$x^2 - 2x + \boxed{} = 0$	$\boxed{}x^2 + 4x - 2 = 0$
a)	$D = 0$	$D = 0$
	$D = (-2)^2 - 4 \cdot 1 \cdot \boxed{} = 0$	$D = 4^2 - 4 \cdot \boxed{} \cdot (-2) = 0$
	$4 - 4 \cdot \boxed{} = 0$	$16 + 8 \boxed{} = 0$
	$\boxed{} = 1$	$\boxed{} = -2$
	$x^2 - 2x + 1 = 0$ hat eine Lösung.	$-2x^2 + 4x - 2 = 0$ hat eine Lösung.
b)	$D > 0$ für $\boxed{} < 1$	$D > 0$ für $\boxed{} > -2$
	z.B.: $\boxed{} = 0{,}5$	z.B.: $\boxed{} = 1$
	$x^2 - 2x + 0{,}5 = 0$ hat 2 Lösungen.	$x^2 + 4x - 2 = 0$ hat zwei Lösungen.
	Probe: $D = 2 > 0$	Probe: $D = 24 > 0$
c)	$D < 0$ für $\boxed{} > 1$	$D < 0$ für $\boxed{} < -2$
	z.B.: $\boxed{} = 5$	z.B.: $\boxed{} = -3$
	$x^2 - 2x + 5 = 0$ hat keine Lösung.	$-3x^2 + 4x - 2 = 0$ hat keine Lösung.
	Probe: $D = -16 < 0$	Probe: $D = -8 < 0$

III Geometrie

1 Satz des Thales

Satz des Thales:
Jeder Winkel im Halbkreis ist ein rechter Winkel.

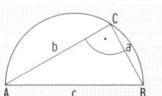

1 Zeichnen Sie das rechtwinklige Dreieck mithilfe des Satzes von Thales.

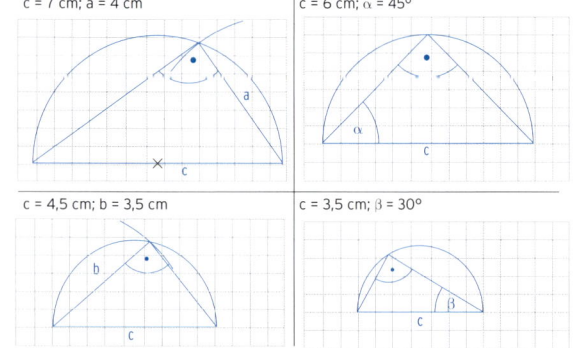

$c = 7$ cm; $a = 4$ cm $\qquad\qquad$ $c = 6$ cm; $\alpha = 45°$

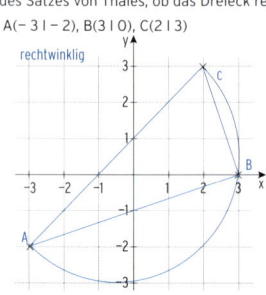 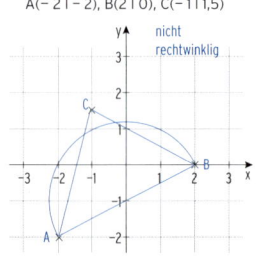

$c = 4{,}5$ cm; $b = 3{,}5$ cm $\qquad\qquad$ $c = 3{,}5$ cm; $\beta = 30°$

2 Zeichnen Sie das Dreieck in das Koordinatensystem ein. Überprüfen Sie mithilfe des Satzes von Thales, ob das Dreieck rechtwinklig ist.

$A(-3 \mid -2),\ B(3 \mid 0),\ C(2 \mid 3)$ $\qquad\qquad$ $A(-2 \mid -2),\ B(2 \mid 0),\ C(-1 \mid 1{,}5)$

rechtwinklig $\qquad\qquad\qquad\qquad\qquad\qquad$ nicht rechtwinklig

3 Bestimmen Sie die Winkel. Begründen Sie ihre Antwort.

a)

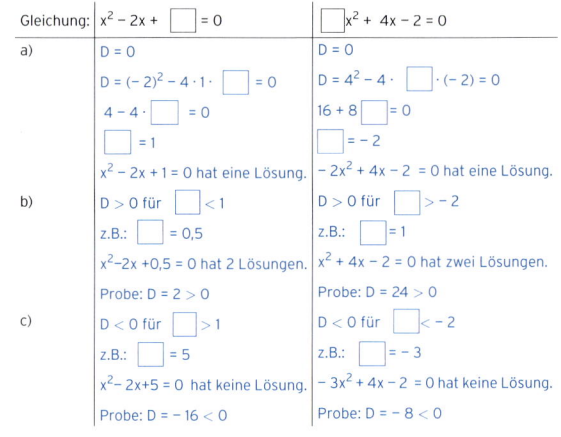

$\alpha = 30°$

$\beta = 60°$

$\gamma_1 = 30° \qquad\qquad \gamma_2 = 60°$

$\delta = 120°$

Begründung: $\delta + 60° = 180°$;

$\triangle$ MBC ist gleichseitig.

b)

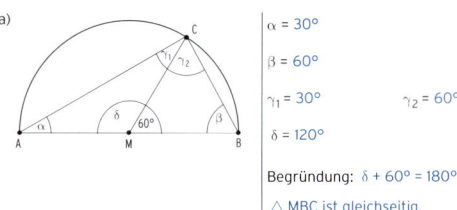

$\alpha = 45°$

$\beta = 45°$

$\gamma_1 = 45°$

$\gamma_2 = 45°$

Begründung: gleichschenklig

rechtwinkliges Dreieck

4 Gegeben ist die Gerade g und ein Punkt P. Konstruieren Sie eine Senkrechte zu g durch P.

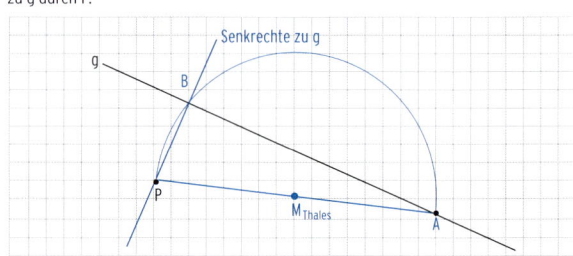

Wählen Sie einen Punkt A auf g. Zeichnen Sie den Thaleskreis über PA. Er schneidet

g in B. Die Gerade durch P und B steht senkrecht auf g.

5 Wo steckt der Fehler bei der Konstruktion der rechtwinkligen Dreiecke?

Abb. 1

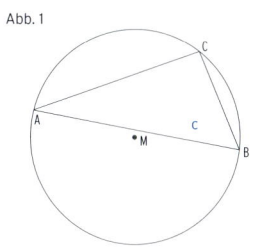

Abb. 2

Fehler: Die Grundseite c verläuft nicht durch den Mittelpunkt.

Fehler: Die Grundseite c ist nicht der Durchmesser. Der rechte Winkel liegt im Punkt auf dem Thaleskreis.

6 Was können Sie über den Winkel bei C, D, E und F aussagen? Begründen Sie ihre Aussagen.

Abb. 3

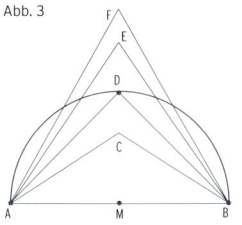

Abb. 4

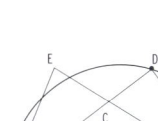

Der Winkel bei C ist größer als 90°, der bei D ist 90° groß (Satz des Thales), die Winkel bei E und bei F sind kleiner als 90°.

Der Winkel bei C ist größer als 90°, der bei D und bei F ist 90° groß (Satz des Thales), der Winkel bei E ist kleiner als 90°.

43

2 Symmetrie und Kongruenz

Symmetrie

1 Zeichnen Sie die Spiegelachse bzw. das Spiegelzentrum ein.

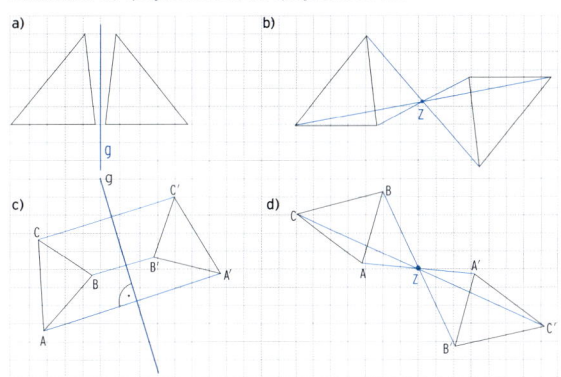

a)   b)

c)   d)

2 Spiegeln Sie das Dreieck ABC an der Geraden g bzw. am Zentrum Z.

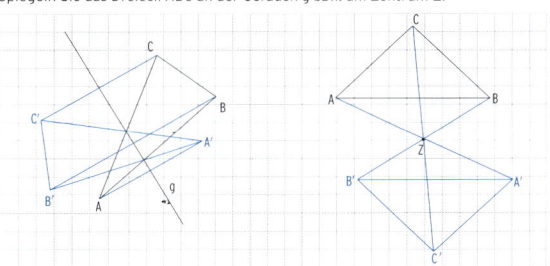

3 Geben Sie die Anzahl der Spiegelachsen an. Zeichnen Sie diese ein.
Welche Verkehrszeichen sind punktsymmetrisch? Zeichnen Sie das Spiegelzentrum ein.

(1)   (2)   (4)

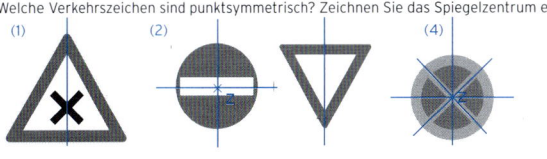

44

Kongruenz

Zwei Figuren sind **kongruent**, wenn sie deckungsgleich sind.
Die Originalfigur lässt sich durch eine **Kongruenzabbildung**
(Spiegelung, Verschiebung, Drehung) in die Bildfigur überführen.

1 Entscheiden Sie, welche Figuren kongruent sind. Begründen Sie ihre Entscheidung.

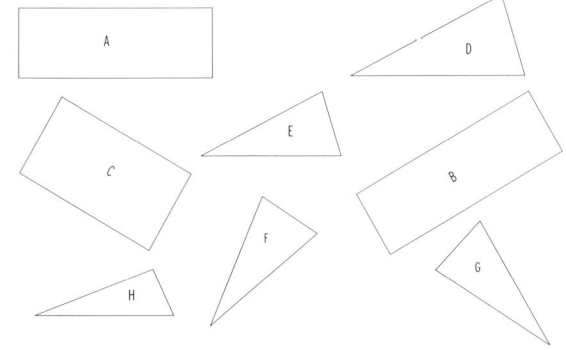

A und B sind kongruent. A; B sind Rechtecke mit jeweils gleichlangen Seiten.

Dreiecke E, F, G sind kongruent, die Seitenlängen und die Winkel stimmen überein.

2 Konstruieren Sie das zum Dreieck ABC kongruente Dreieck A'B'C'.

a) durch Verschiebung   b) durch Drehung

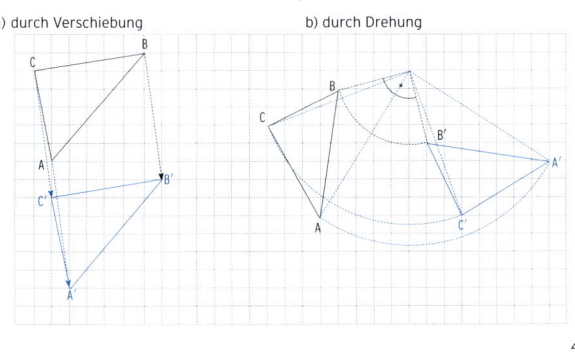

45

3 Ähnlichkeit

Zwei Figuren sind **ähnlich,** wenn die Verhältnisse entsprechender Seitenlängen
und entsprechender Winkelweiten übereinstimmen.

1 Entscheiden Sie, welche Figuren ähnlich sind. Begründen Sie ihre Entscheidung.

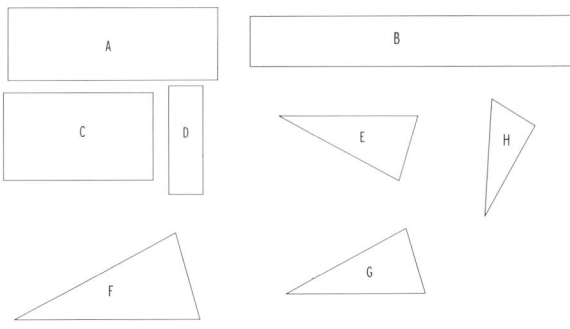

Die Dreiecke E, G und F sind ähnlich. E und G sind sogar kongruent. Die Rechtecke A und D sind ähnlich. Die Verhältnisse entsprechender Seitenlängen und entsprechender Winkelweiten stimmen überein.

2 Ein Rechteck hat eine Seite mit 5 cm und einen Inhalt von $A_1 = 18$ cm².
Ein zweites ähnliches Rechteck hat einen 9 mal so großen Flächeninhalt.
Bestimmen Sie die alle Seitenlängen.

$A_1 = 18 = 5 \cdot b$

$b = \frac{18}{5} = 3,6$

Neunfacher Rechtecksinhalt bedeutet:

Jede Seite wird dreimal länger.

$3 \cdot 5 = 15; \ 3 \cdot 3,6 = 10,8$

Die Rechtecksseiten sind 15 cm und 10,8 cm lang.

46

113

3 Vervollständigen Sie so, dass ähnliche Figuren entstehen.

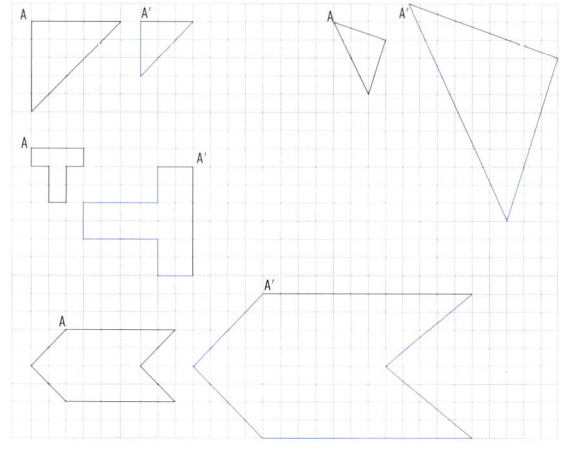

4 Konstruieren Sie ein Dreieck A'B'C' bzw. ein Dreieck A''B''C'' so, dass diese zum Dreieck ABC ähnlich sind.

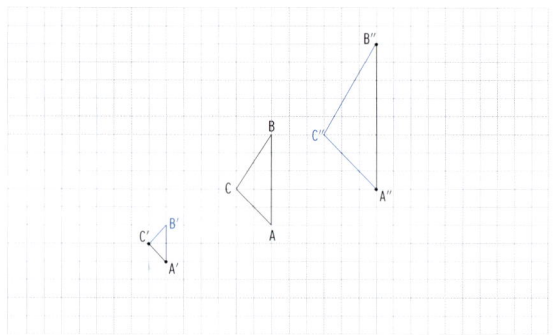

Die Dreiecke entstehen durch Parallelverschiebung der entsprechenden Seiten.

4 Strahlensätze

1. Strahlensatz: $\frac{a}{b} = \frac{c}{d}$ oder

$$\frac{a}{a+b} = \frac{c}{c+d}$$

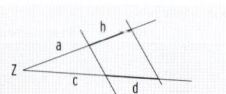

1 Vervollständigen Sie die Zeichnung, indem Sie die fehlenden Größen berechnen.

a) 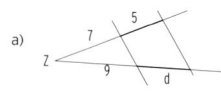 b)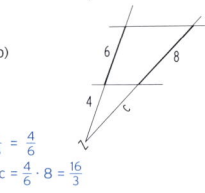

a)
$$\frac{d}{9} = \frac{5}{7}$$
$$7d = 45$$
$$d = \frac{45}{7}$$

b)
$$\frac{c}{8} = \frac{4}{6}$$
$$c = \frac{4}{6} \cdot 8 = \frac{16}{3}$$

2 Ermitteln Sie die Länge des Tunnels durch den Berg (Längen in m).

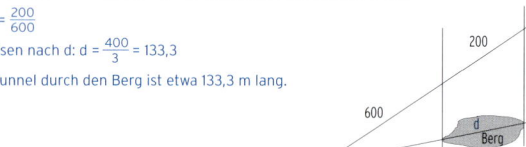

$$\frac{d}{400} = \frac{200}{600}$$

Auflösen nach d: $d = \frac{400}{3} = 133,3$

Der Tunnel durch den Berg ist etwa 133,3 m lang.

3 Ergänzen Sie die Tabelle für den 1. Strahlensatz.

$\frac{a}{b} = \frac{c}{d}$	a = 4	b = 10	d = 25	c: $\frac{4}{10} = \frac{c}{25}$ c = 10
	a = 2,5	c = 6	d = 8,5	b: $\frac{2,5}{b} = \frac{6}{8,5}$ | · b $\frac{6}{8,5} \cdot b = 2,5$ ergibt b = 3,54
	a = 12	b = 20	c = 18	d: $\frac{12}{20} = \frac{18}{d}$ | · d $\frac{12}{20} \cdot d = 18$ ergibt d = 30
$\frac{a}{a+b} = \frac{c}{c+d}$	a = 4	b = 8	c + d = 40	c: $\frac{4}{12} = \frac{c}{40}$ c = 13,33
	a = 9	c = 6	c + d = 14	b: $\frac{9}{9+b} = \frac{6}{14}$ | · (9 + b) $\frac{3}{7} \cdot (9 + b) = 9$ | · 7 | : 3 9 + b = 21 ergibt b = 12

2. Strahlensatz: $\frac{e}{f} = \frac{a}{a+b}$ oder

$$\frac{e}{f} = \frac{c}{c+d}$$

1 Bestimmen Sie die Längen der unbekannten Strecken.

a) 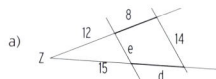 b)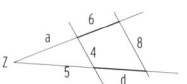

a)
$$\frac{e}{14} = \frac{12}{12+8} \text{ ergibt } e = 8,4$$
$$\frac{8}{12} = \frac{d}{15} \text{ ergibt } d = 10$$

b)
$$\frac{8}{4} = \frac{5+d}{5} \text{ ergibt } d = 5$$
$$\frac{a}{6} = \frac{5}{5} \text{ ergibt } a = 6$$

2 Ergänzen Sie die Tabelle für den 2. Strahlensatz.

$\frac{e}{f} = \frac{a}{a+b}$	e = 4	f = 12	a = 2,5	b: $\frac{4}{12} = \frac{2,5}{2,5+b}$ | · (2,5 + b) $\frac{1}{3} \cdot (2,5 + b) = 2,5$ | · 3 2,5 + b = 7,5 ergibt b = 5
	a = 25	b = 60	e = 8	f: $\frac{8}{f} = \frac{25}{85}$ | · f $8 = \frac{5}{17} \cdot f$ ergibt f = 27,2
	b = 10	e = 3,5	f = 10,5	a: $\frac{3,5}{10,5} = \frac{a}{a+10}$ | · 3(a + 10) a + 10 = 3a 10 = 2a ergibt a = 5

3 Ermitteln Sie die Entfernung der beiden Anlegestellen A und B (Längen in m).

Nach dem 2. Strahlensatz:

$$\frac{f}{45} = \frac{100+30}{30} = \frac{130}{30}$$
$$f = \frac{45 \cdot 130}{30} = 195$$

Der See ist an dieser Stelle 195 m breit.

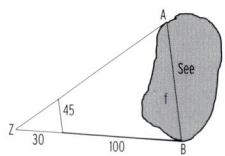

5 Volumen und Oberflächeninhalte

Kegel

Ein Kegel mit Grundkreisradius r und Höhe h hat

- die Grundfläche: $G = \pi \cdot r^2$
- das Volumen: $V = \frac{1}{3} \cdot \pi \cdot r^2 \cdot h$
- die Mantelfläche: $M = \pi \cdot r \cdot s$
- den Oberflächeninhalt: $O = G + M$

1 Vervollständigen Sie die Tabelle mit Werten für einen Kegel.

r (cm)	h (cm)	s (cm)	G (cm²)	V (cm³)	M (cm²)	O (cm²)
3	4	5	$\pi \cdot 3^2$ ≈ 28,3	$\frac{\pi}{3} \cdot 3^2 \cdot 4$ ≈ 37,7	$\pi \cdot 3 \cdot 5$ ≈ 47,1	28,3 + 47,1 ≈ 75,4
2,50	5,80	6,32	19,64	37,96	49,64	69,28
3,80	6	7,10	45,36	90,73	84,76	130,12
2,50	10,0	10,31	19,64	65,45	80,97	100,61
4,6	7,46	8,76	66,48	165,30	126,53	193,01
1,2	4	4,18	4,52	6,03	15,76	20,28

Nebenrechnungen:

$$G = \pi \cdot r^2 \ ; \ r = \sqrt{\frac{G}{\pi}}$$

$$V = \frac{1}{3} \cdot \pi \cdot r^2 \cdot h; \quad h = \frac{3V}{\pi r^2}; \quad r = \sqrt{\frac{3V}{\pi h}}$$

$$M = \pi \cdot r \cdot s; \quad r = \frac{M}{\pi \cdot s}; \quad s = \frac{M}{\pi \cdot r}$$

Kugel

Eine Kugel mit Radius r hat

• das Volumen: $V = \frac{4}{3} \cdot \pi \cdot r^3$

• den Oberflächeninhalt: $O = 4 \cdot \pi \cdot r^2$

1 Füllen Sie die Tabelle aus.

r (cm)	V (cm³)	O (cm²)	r (mm)	V (mm³)	O (mm²)
4	$\frac{4}{3} \cdot \pi \cdot 4^3$ = 268,08	$4 \cdot \pi \cdot 4^2$ = 201,06	7	1436,76	615,75
2,5	65,45	78,54	10	4188,79	1256,64
0,6	0,90	4,52	76	1838778,37	72583,36
12,5	8181,23	1963,50	5,5	696,91	380,13

2 Eine Kugel hat den doppelten Radius der anderen Kugel.

a) Ist das Volumen auch doppelt so groß? Entscheiden Sie begründet.

$V_1 = \frac{4}{3} \cdot \pi \cdot r^3$

$V_2 = \frac{4}{3} \cdot \pi \cdot (2r)^3 = \frac{4}{3} \cdot \pi \cdot 8 \cdot r^3 = 8 \cdot V_1$

Das Volumen ist 8-mal so groß.

b) Ist die Oberfläche viermal so groß? Entscheiden Sie begründet.

$O_1 = 4 \cdot \pi \cdot r^2$

$O_2 = 4 \cdot \pi \cdot (2r)^2 = 4 \cdot \pi \cdot 4 \cdot r^2 = 4 \cdot O_1$

Die Oberfläche ist viermal so groß.

3 Berechnen Sie den Oberflächeninhalt einer Kugel, die 100 l Wasser fasst.

100 l = 100 dm³

$V = \frac{4}{3} \cdot \pi \cdot r^3 = 100$ ergibt $r^3 = \frac{300}{4 \cdot \pi}$

3. Wurzel ziehen: r = 2,88

$O = 4 \cdot \pi \cdot r^2 = 4 \cdot \pi \cdot 2,88^2 = 104,23$

Der Oberflächeninhalt der Kugel beträgt 104,23 dm².

51

Satz des Pythagoras

In einem rechtwinkligen Dreieck ABC gilt:

$a^2 + b^2 = c^2$

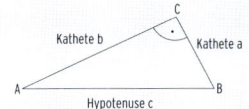

1 Bestimmen Sie die Länge der fehlenden Seite des rechtwinkligen Dreiecks.

Kathete	Kathete	Hypotenuse	Kathete	Kathete	Hypotenuse
3	5	$c^2 = 3^2 + 5^2$ c = 5,83	7	$b^2 = 9,5^2 - 7^2$ b = 6,42	9,5
$a^2 = 4,27^2 - 1,5^2$ a = 4,0	1,50	4,27	$a^2 = 11,2^2 - 5^2$ a = 10,02	5	11,2
12	$b^2 = 16,97^2 - 12^2$ b = 12,0	16,97	0,5	0,6	$c^2 = 0,6^2 + 0,5^2$ c = 0,78

2 Entscheiden Sie, ob ein rechtwinkliges Dreieck vorliegt. Begründen Sie.

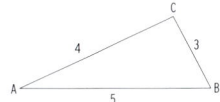
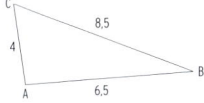

Dreieck ABC ist rechtwinklig.

$4^2 + 3^2 = 5^2$

Dreieck ABC ist nicht rechtwinklig.

$4^2 + 6,5^2 \neq 8,5^2$

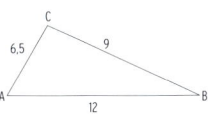
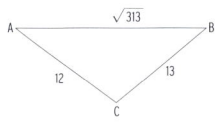

Dreieck ABC ist nicht rechtwinklig.

$6,5^2 + 9^2 \neq 12^2$

Dreieck ABC ist rechtwinklig.

$12^2 + 13^2 = 144 + 169 = 313$

Hinweis: $(\sqrt{313})^2 = 313$

52

Quader

Ein Quader mit der Grundfläche G und der Höhe h hat

• das Volumen: $V = G \cdot h$

$V = a \cdot b \cdot c$ (mit Höhe h = c)

• den Oberflächeninhalt: $O = 2(a \cdot b + a \cdot c + b \cdot c)$

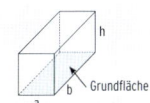

1 Entscheiden Sie, ob ein Quader vorliegt. Begründen Sie Ihre Entscheidung.

a)
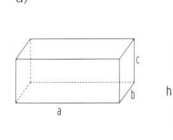

b)
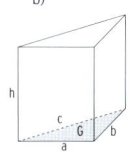

c)
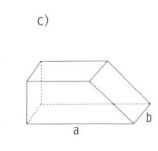

d)
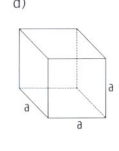

Quader:
6 Rechtecke;
Seitenflächen
stehen senkrecht
aufeinander.

kein Quader:
Grundfläche
Dreieck

kein Quader:
Seitenflächen
sind keine
Rechtecke.

Quader:
6 Quadrate;
Seitenflächen
stehen senkrecht
aufeinander
(Würfel).

2 Füllen Sie die Tabelle für einen Quader aus.

a (cm)	b (cm)	c = h (cm)	G (cm²)	V (cm³)
3	4	5	3 · 4 = 12	3 · 4 · 5 = 60
5,5	5,8	6,3	5,5 · 5,8 = 31,9	5,5 · 5,8 · 6,3 = 200,97
38	60	$\frac{15960}{2280}$ = 7	2280	15960
0,5	15	8	7,5	60
a a^2 = 324 a = 18	a a = 18	c 324c = 3175,2 c = 9,8	324	3175,2
1,2	0,4	$\frac{0,144}{0,48}$ = 0,3	1,2 · 0,4 = 0,48	0,144

53

Zylinder

Ein Zylinder hat

• das Volumen: $V = G \cdot h = \pi \cdot r^2 \cdot h$

• den Mantelflächeninhalt: $M = u \cdot h$

$M = 2\pi \cdot r \cdot h$

• den Oberflächeninhalt: $O = 2 \cdot G + M$

1 Berechnen Sie die fehlenden Größen des Zylinders.

	a)	b)	c)	d)	e)
Radius	8 cm	2,3 dm	2,93 m	0,2 m	1,2 cm
Umfang Grundkreis	50,27 cm	14,45 dm	18,4 m	1,26 m	7,54 cm
Grundflächeninhalt	201,06 cm²	16,62 dm²	26,97 m²	0,13 m²	4,52 cm²
Höhe Zylinder	6 cm	4,58 dm	1,2 m	1,1 m	1,43 cm
Volumen Zylinder	1206,37 cm³	76,05 dm³	32,36 m³	0,14 m³	6,45 cm³
Mantelflächeninhalt	301,59 cm²	66,19 dm²	22,09 m²	1,38 m²	10,78 cm²
Oberflächeninhalt	703,71 cm²	99,43 dm²	76,03 m²	1,64 m²	19,82 cm²

Nebenrechnungen:

$V = G \cdot h$; $G = \frac{V}{h}$; $h = \frac{V}{G}$

$V = \pi \cdot r^2 \cdot h$; $h = \frac{V}{\pi \cdot r^2}$; $r = \sqrt{\frac{V}{\pi \cdot h}}$

$M = 2\pi \cdot r \cdot h$; $h = \frac{M}{2\pi \cdot r}$; $r = \frac{M}{2\pi \cdot h}$

$u = 2\pi \cdot r$; $r = \frac{u}{2\pi}$

2 Eine Litfaßsäule (ein Zylinder) hat einen Durchmesser von 1,45 m. Welche Fläche kann mit Werbung beklebt werden, wenn sie 2,80 m hoch ist und die unteren 50 cm frei bleiben sollen?

$r = \frac{d}{2} = 0,725$; $M = 2\pi \cdot r \cdot h = 2\pi \cdot 0,725 \cdot (2,8 - 0,5) = 10,48$

Es können 10,48 m² beklebt werden.

54

115

Lösungen
· · · · ·

Pyramide

Eine Pyramide mit der Grundfläche G und der Höhe h hat

das Volumen: $V = \frac{1}{3} \cdot G \cdot h$.

Die Oberfläche O ist die Summe

aus den Inhalten der Grundfläche und den Seitenflächen.

Die Seitenfläche ist ein Dreieck mit dem Inhalt $A_D = \frac{1}{2} a \cdot h_D$.

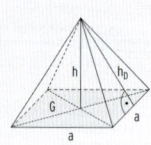

1 Berechnen Sie die fehlenden Größen einer quadratischen Pyramide.

	a)	b)	c)	d)	e)
Grundkante	3 cm	5 dm	2,6 dm	0,2 m	1,6 m
Höhe Pyramide	6 cm	7,33 dm	4,5 dm	0,7 m	19,88 m
Grundflächeninhalt	9 cm²	25 dm²	6,76 dm²	0,04 m²	2,56 m²
Höhe Seitenfläche	6,18 cm	7,74 dm	4,68 dm	0,71 m	19,9 m
Inhalt Seitenfläche	9,27 cm²	19,35 dm²	6,08 dm²	0,071 m²	15,92 m²
Volumen	18 cm³	61,08 dm³	10,14 dm³	0,009 m³	16,96 m³
Oberflächeninhalt	46,08 cm²	102,4 dm²	31,08 dm²	0,324 m²	66,24 m²

Nebenrechnungen:

$h_D{}^2 = h^2 + (\frac{a}{2})^2$; $h_D = \sqrt{h^2 + (\frac{a}{2})^2}$; $h = \sqrt{h_D{}^2 - (\frac{a}{2})^2}$; $a = 2\sqrt{h_D{}^2 - h^2}$

$V = \frac{1}{3} \cdot G \cdot h$; $G = \frac{3V}{h}$; $h = \frac{3V}{G}$

$A_D = \frac{1}{2} a \cdot h_D$; $a = \frac{2 A_D}{h_D}$; $h_D = \frac{2 A_D}{a}$

Zusammengesetzter Körper

1 Berechnen Sie das Fassungsvermögens des Öltanks.

Senkrechter Zylinder mit d = 1,20 m und h =2,20 m:
$V = \pi \cdot (\frac{1,20}{2})^2 \cdot 2,20 = 2,49$
Senkrechter Quader mit a = 1,20 m, b = 0,90 m

und h = 2,20 m:
$V = 1,20 \cdot 0,90 \cdot 2,20 = 2,38$
Gesamtvolumen = Fassungsvermögen
V = 2,49 + 2,38 = 4,87
4,87 m³ = 4870 Liter

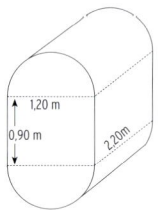

2

a) Berechnen Sie das Volumen und die Oberfläche des dargestellten Körpers.

Volumen: Quader mit a = 12 cm, b = 6 cm , c = 4 cm:
Volumen: $V_Q = 12 \cdot 6 \cdot 4 = 288$
Stil kreiszylinderförmig mit d = 4,5 cm und

h = 22 cm: (22 cm stehen hervor)
$V_Z = \pi \cdot (\frac{4,50}{2})^2 \cdot 22 = 349,90$

V = 288 + 349,90 = 637,90
Gesamtvolumen 637,90 cm³

Oberfläche: Quaderoberfläche minus Stillochfläche

$O_Q = 12 \cdot 6 \cdot 2 + 4 \cdot 6 \cdot 2 + 12 \cdot 4 \cdot 2 - \pi \, 2,25^2 = 272,10$

Oberfläche des sichtbaren Stils:
$O_S = 2 \cdot 2,25 \cdot \pi \cdot 22 + \pi \, 2,25^2 = 326,92$

Gesamte sichtbare Oberfläche: 272,10 + 326,92 = 599,02
O = 599,02 cm²
Hinweis: Grundfläche Stil und Stillochfläche heben sich auf.

b) Der Hammerkopf wiegt 2,5 kg. Stimmt das, wenn ein cm³ Eisen 8 g wiegt?

Gewicht des Hammerkopfes: $288 \text{ cm}^3 \cdot 8 \frac{g}{cm^3} = 2304$ g.
Der Hammerkopf wiegt weniger als 2,5 kg.

Die Behauptung stimmt nicht.

6 Sinus, Kosinus und Tangens

$\sin \alpha = \frac{\text{Gegenkathete von } \alpha}{\text{Hypotenuse}}$

$\cos \alpha = \frac{\text{Ankathete von } \alpha}{\text{Hypotenuse}}$

$\tan \alpha = \frac{\text{Gegenkathete von } \alpha}{\text{Ankathete von } \alpha}$

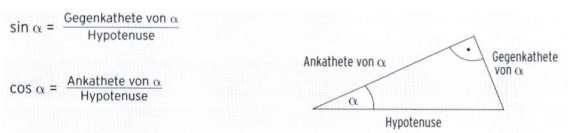

1 Berechnen Sie die Winkel mithilfe von Sinus.

Abb. 1

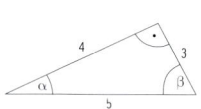

Abb. 2

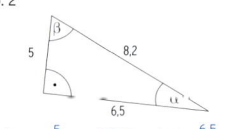

$\sin \alpha = \frac{3}{5}$; $\alpha = 36,9°$

$\sin \beta = \frac{4}{5}$; $\beta = 53,1°$

$\sin \alpha = \frac{5}{8,2}$; $\alpha = 37,6°$; $\sin \beta = \frac{6,5}{8,2}$; $\beta = 52,4°$

Hinweis: $\beta = 90° - \alpha = 52,4°$

2 Berechnen Sie die Winkel unter Verwendung von Kosinus.

Abb. 3

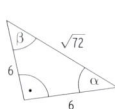

Abb. 4

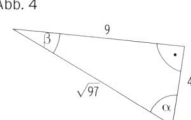

$\cos \alpha = \frac{6}{\sqrt{72}}$; $\alpha = 45° = \beta$

$\cos \alpha = \frac{4}{\sqrt{97}}$; $\alpha = 66,0°$; $\cos \beta = \frac{9}{\sqrt{97}}$; $\beta = 24,0°$

Hinweis: $\beta = 90° - \alpha = 24°$

3 Berechnen Sie die Winkel unter Verwendung von Tangens.

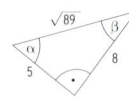

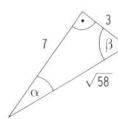

$\tan \alpha = \frac{8}{5}$; $\alpha = 58°$; $\tan \beta = \frac{5}{8}$; $\beta = 32°$

$\tan \alpha = \frac{3}{7}$; $\alpha = 23,2°$; $\tan \beta = \frac{7}{3}$; $\beta = 66,8°$

Hinweis: $\beta = 90° - \alpha = 66,8°$

4 Berechnen Sie die unbekannten Größen.

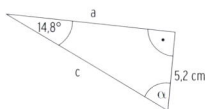

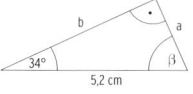

$\tan 14,8° = \frac{5,2}{a}$; a = 19,7cm;

$\alpha = 90° - \beta = 75,2°$;

$\sin 14,8° = \frac{5,2}{c}$; c = 20,4 cm

$\beta = 90° - 34° = 56°$

$\sin 34° = \frac{a}{5,2}$; a = 2,9 cm

$\tan 34° = \frac{a}{b} = \frac{2,9}{b}$; b = 4,3 cm

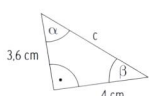

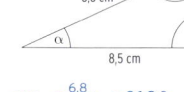

$\tan \beta = \frac{3,6}{4}$; $\beta = 42,0°$

$\alpha = 90° - \beta = 48°$;

$\sin \alpha = \sin 48° = \frac{4}{c}$; c = 5,4 cm

$\cos \alpha = \frac{6,8}{8,5}$; $\alpha = 36,9$ °

$\beta = 90° - \alpha = 90° - 36,9° = 53,1°$

$\sin \alpha = \sin 36,9° = \frac{a}{8,5}$; a = 5,1 cm

5 Füllen Sie die Tabelle für ein rechtwinkliges Dreieck aus (γ = 90 °).

a	b	c	α	β
4,5 dm	3,0 dm	5,4 dm	56,5°	33,5°
3,6 cm	2,7 cm	4,5 cm	53,1°	36,9°
1,6 m	3,9 m	4,2 m	22,4°	67,6°
7,2 dm	3,5 dm	8,0 dm	63,8°	26,2 °

Nebenrechnungen:

Planfigur:

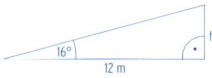

$\sin \alpha = \frac{a}{c}$ $\cos \alpha = \frac{b}{c}$ $\tan \alpha = \frac{a}{b}$

$\sin \beta = \frac{b}{c}$ $\cos \beta = \frac{a}{c}$ $\tan \beta = \frac{b}{a}$

$a^2 + b^2 = c^2$

6 Eine Fichte wirft einen 12 m langen Schatten. Die Sonnenstrahlen treffen dabei unter einem Winkel von 16° auf die Erde. Wie hoch ist die Fichte?

h: Höhe Fichte
$\tan 16° = \frac{h}{12}$
h = 12 · tan 16° = 3,44
Die Fichte ist 3,44 m hoch.

IV Wahrscheinlichkeitsrechnung

1 Zufallsexperimente und Ereignisse

Zufallsexperimente

1 Stellen Sie das Zufallsexperiment durch ein Baumdiagramm dar und geben Sie die zugehörige Ergebnismenge S an. In einer Urne befinden sich eine blaue, eine rote und eine grüne Kugel. Es werden zwei Kugeln nacheinander gezogen.

Gezogene Kugeln werden nicht zurückgelegt.	Gezogene Kugeln werden zurückgelegt.
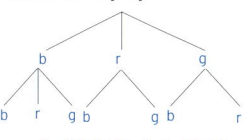 S = {br, bg, rb, rg, gb, gr}	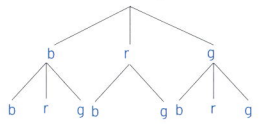 S = {bb, br, bg, rb, rr, rg, gb, gr, gg}
Nur falls eine gezogene Kugel blau ist, wird diese zurückgelegt.	Nur falls eine gezogene Kugel nicht rot ist, wird diese zurückgelegt.
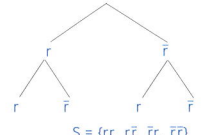 S = {bb, br, bg, rb, rg, gb, gr}	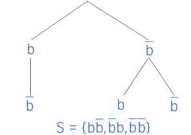 S = {bb, br, bg, rb, rg, gb, gr, gg}
Gezogene Kugeln werden zurückgelegt. Es interessiert nur, ob die gezogenen Kugeln rot sind oder nicht. Bezeichung: r - rot; r̄ - nicht rot	Gezogene Kugeln werden nicht zurückgelegt. Es interessiert nur, ob die gezogenen Kugeln blau sind oder nicht. Bezeichung: b - blau; b̄ - nicht blau

S = {rr, rr̄, r̄r, r̄r̄}

S = {bb̄, b̄b, b̄b̄}

59

2 Stellen Sie das Zufallsexperiment durch ein Baumdiagramm dar und geben Sie die zugehörige Ergebnismenge S an.

Ein Basketballspieler hat 2 Freiwürfe. Er interessiert sich für die Anzahl der Treffer. T: Treffer	Ein Stapel aus 4 Karten enthält zwei Asse, eine Dame und einen König. Lara hebt zwei Karten ab.
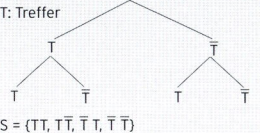 S = {TT, TT̄, T̄T, T̄T̄}	 S = {aa, ad, ak, da, dk, ka, kd}
In einer Obstschale sind je 3 Äpfel und Bananen. Stefan hat Hunger und entnimmt eine Frucht. Nur wenn er einen Apfel zieht, greift er nochmals zu.	Der Download einer App funktioniert, oder eben nicht. Mira versucht es zweimal.
S = {aa, ab, b}	S = {ff, ff̄, f̄f, f̄f̄}

3 Die gegebenen Zufallsexperimente sollen über Ziehungen aus Urnen modelliert werden. Wie sollten die Kugeln hierzu beschriftet werden? Sollten die Ziehungen mit Zurücklegen oder ohne Zurücklegen stattfinden?

Zufallsexperiment	Kugeln	Mit ZL / ohne ZL
Ein Kartenstapel enthält 4 Herz-Karten und 2 Karo-Karten. Es werden Karten abgehoben.	4 H-Kugeln 2 K-Kugeln	☐ mit ☒ ohne
Ein Würfel wird mehrmals geworfen.	6 Kugeln mit 1 bis 6	☒ mit ☐ ohne
Ein Glücksrad mit 3 roten und 2 blauen Feldern wird gedreht.	3 R-Kugeln 2 B-Kugeln	☒ mit ☐ ohne
Ein Bogenschütze trifft 75 % der Schüsse. Er schießt mehrmals.	3 T-Kugeln 1 T̄- Kugel	☒ mit ☐ ohne
In einer Lostrommel befinden sich 5 Gewinnlose, 5 Trostpreise und 20 Nieten. Mara kauft 3 Lose.	5G-Kugeln 5 T-Kugeln 20 N-Kugeln	☐ mit ☒ ohne
Es befinden sich 10 Teile in einem Karton, von denen 3 defekt sind. Aus dem Karton werden Teile entnommen.	3 D-Kugeln 7 D̄-Kugeln	☐ mit ☒ ohne

60

4 In einer Urne befinden sich 2 rote Kugeln und 1 blaue Kugel. Schließen Sie von den bekannten Informationen auf Eigenschaften der durchgeführten Zufallsexperimente.

Über das Zufallsexperiment ist bekannt:	Anzahl gezogener Kugeln	Mit/ohne Zurücklegen (ZL) Mit/ohne Beachtung der Reihenfolge (BR)	
S = {rb, rr, br}	2	☐ mit ZL ☒ mit BR	☒ ohne ZL ☐ ohne BR
S = {rb, rr, bb, br}	2	☒ mit ZL ☒ mit BR	☐ ohne ZL ☐ ohne BR
S = {rb, rr}	2	☐ mit ZL ☒ mit BR	☒ ohne ZL ☐ ohne BR
S = {rb, br, bb}	2	☒ mit ZL ☒ mit BR	☐ ohne ZL ☐ ohne BR

5 Ein Würfel wird zweimal geworfen. Sollten die "Ziehungen" mit Beachtung oder ohne Beachtung der Reihenfolge stattfinden?

Zufallsexperiment	Mit/ohne Beachtung der Reihenfolge
Die Augensumme ist 7	☐ mit ☒ ohne
Der erste Wurf zeigt eine 6.	☒ mit ☐ ohne
Es werden die Augenzahlen 1 oder 2 gewürfelt.	☐ mit ☒ ohne
Der Würfel zeigt eine Eins.	☐ mit ☒ ohne
Der Würfel zeigt aufsteigende gerade Augenzahlen.	☒ mit ☐ ohne
Der Würfel zeigt zwei gleiche Augenzahlen.	☐ mit ☒ ohne
Der zweite Wurf zeigt eine 1.	☒ mit ☐ ohne
Der Würfel zeigt eine 6, danach eine 2.	☒ mit ☐ ohne

61

Ereignisse

1 Ein Würfel wird ein Mal geworfen und die Augenzahl wird notiert. Die Ereignisse A bis I sind in Worten beschrieben. Ordnen Sie jedem Ereignis die zugehörige Mengenschreibweise zu, indem Sie diese mit den Buchstaben A bis I benennen.

A: Eine ungerade Zahl   C = {1, 2, 3, 4}
B: Eine größere Zahl als 2   E = {2, 3, 5}
C: Höchstens die Zahl 4   G = {1, 2}
D: Mindestens 4   I = { }
E: Eine Primzahl   F = {1, 2, 3, 4, 5, 6}
F: Höchstens eine 6   D = {4, 5, 6}
G: Kleiner 3   B = {3, 4, 5, 6}
H: Gegenereignis von E   H = {1, 4, 6}
I: Die Zahl 8   A = {1, 3, 5}

2 Eine Münze wird zweimal geworfen.

a) Geben Sie die Ergebnismenge an: S = {ww, wz, zw, zz}

b) Beschreiben Sie die Ereignisse in Worten bzw. in Mengenschreibweise.

A= {ww, zz}	A: Nur Wappen oder nur Zahl
B = {zw, ww}	B: Im zweiten Wurf Wappen
C= {zz, zw, wz}	C: Mindestens einmal Zahl
D = C̄	D = {ww}
E: genau ein Mal Zahl	E = {zw, wz}
F =Ē	F = {ww, zz} = A

3 Drei blaue und sieben grüne Bälle liegen in einer Kiste. Ein Besucher entnimmt 2 Bälle nacheinander ohne Zurücklegen aus der Kiste. Geben Sie in Mengenschreibweise an.

A: Der zweite Ball ist grün.   A = {bg, gg}
B: Mindestens ein Ball ist blau.   B = {bb, bg, gb}
C: Beide Bälle haben die gleiche Farbe.   C ={bb, gg}
D: Höchstens ein Ball ist blau.   D = {gg, bg, gb}
E: Höchstens zwei Bälle sind grün.   E = {bb, bg, gb, gg} = S

62

Lösungen
. . . . .

2 Wahrscheinlichkeit

1 Liegt ein Laplace-Experiment vor?

a) Eine verbeulte Münze wird geworfen. ☐ ja ☒ nein

b) Ein Würfel wird geworfen ☒ ja ☐ nein

c) Aus einer Urne mit 3 roten und 4 blauen Kugeln wird eine Kugel gezogen. ☐ ja ☒ nein

d) Das Ziehen eines Loses auf einem Jahrmarkt. Es interessiert, ob ein Gewinn oder eine Niete gezogen wurde. ☐ ja ☒ nein

e) Ein Radiergummi (keine Würfelform) fällt vom Tisch. Es interessiert, ob die markierte Seite nach oben zeigt. ☐ ja ☒ nein

2 In einem Stapel aus 13 Karten befinden sich 3 Asse, 2 Buben und ein König. Ein Spieler hebt eine Karte ab.

a) Mit welcher Wahrscheinlichkeit erhält er ein Ass? $P = \frac{3}{13}$

b) Mit welcher Wahrscheinlichkeit erhält er einen König? $P = \frac{1}{13}$

c) Mit welcher Wahrscheinlichkeit erhält er keinen Buben? $P = \frac{11}{13}$

d) Mit welcher Wahrscheinlichkeit erhält er ein Ass oder einen König? $P = \frac{4}{13}$

e) Mit welcher Wahrscheinlichkeit erhält er kein Ass oder einen Buben? $P = \frac{10}{13}$

3 Stellen Sie das Zufalsexperiment durch ein Baumdiagramm mit Wahrscheinlichkeitsangaben dar. Berechnen Sie die Wahrscheinlichkeit P.

a) In einer Keksdose befinden sich 7 Vollkornkekse und 3 Nusskekse. Adrian entnimmt ohne hinzuschauen 2 Kekse.
Baumdiagramm:
V: Vollkornkekse
N: Nusskekse
$P(VV) = \frac{7}{10} \cdot \frac{6}{9} = \frac{7}{15}$

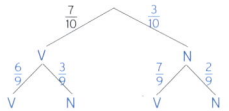

b) Bei einer Polizeikontrolle sind üblicherweise 15 % der Fahrer alkoholisiert. Es werden 2 Autos kontrolliert.
Baumdiagramm:
a: Fahrer ist alkoholisiert
$\bar{a}$: Fahrer ist nicht alkoholisiert
$P(a\,\bar{a}) = 0{,}15 \cdot 0{,}85 = 0{,}1275$

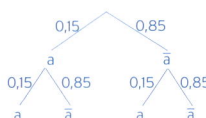

4 Zeichnen Sie Baumdiagramme und berechnen Sie die Wahrscheinlichkeiten.

a) Kirem trifft einen Elfmeter mit einer Wahrscheinlichkeit von 70 %. Er schießt zwei Elfmeter nacheinander.
Mit welcher Wahrscheinlichkeit trifft er beide Elfmeter?
$P(TT) = 0{,}7 \cdot 0{,}7 = 0{,}49$

Baumdiagramm:
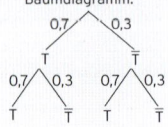

Mit welcher Wahrscheinlichkeit trifft er genau einen Elfmeter?
$P(T\,\bar{T}) + P(\bar{T}\,T) = 0{,}7 \cdot 0{,}3 + 0{,}3 \cdot 0{,}7 = 0{,}42$

Mit welcher Wahrscheinlichkeit trifft er mindestens einen Elfmeter?
$P = 1 - P(\bar{T}\,\bar{T}) = 1 - 0{,}3 \cdot 0{,}3 = 1 - 0{,}09 = 0{,}91$ oder $P = 0{,}49 + 0{,}42 = 0{,}91$

b) In einer Urne befinden sich 7 blaue und 3 rote Bonbons. Mara darf zwei Bonbons entnehmen.
Mit welcher Wahrscheinlichkeit entnimmt sie zwei rote Bonbons?
$P(bb) = \frac{3}{10} \cdot \frac{2}{9} = \frac{1}{15}$

Baumdiagramm:

Mit welcher Wahrscheinlichkeit entnimmt sie mindestens ein rotes Bonbon?
$P = 1 - P(bb) = 1 - \frac{7}{10} \cdot \frac{6}{9} = \frac{8}{15}$

Mit welcher Wahrscheinlichkeit entnimmt sie erst ein rotes und dann ein blaues Bonbon?
$P(rb) = \frac{3}{10} \cdot \frac{7}{9} = \frac{7}{30}$

Mit welcher Wahrscheinlichkeit entnimmt sie ein rotes und ein blaues Bonbon?
$P(rb) + P(br) = \frac{3}{10} \cdot \frac{7}{9} + \frac{7}{10} \cdot \frac{3}{9} = \frac{14}{30}$

c) Eine Rubbelkarte enthält 25 mit einer undurchsichtigen Schicht überzogene Felder, von welchen 10 Gewinne und 15 Nieten sind. Daniela rubbelt 2 Felder auf.
Mit welcher Wahrscheinlichkeit hat sie genau ein Gewinnfeld aufgerubbelt?
$P(GN) + P(NG) = \frac{10}{25} \cdot \frac{15}{24} + \frac{15}{25} \cdot \frac{10}{24} = \frac{1}{2}$

Baumdiagramm:

Mit welcher Wahrscheinlichkeit hat sie zwei Nieten?
$P(NN) = \frac{15}{25} \cdot \frac{14}{24} = \frac{7}{20}$

Mit welcher Wahrscheinlichkeit rubbelt sie höchstens eine Niete auf?
$P = 1 - P(NN) = 1 - \frac{15}{25} \cdot \frac{14}{24} = \frac{13}{20}$

d) Zwei Glücksräder, deren Einzelsektoren alle gleich groß sind, werden gleichzeitig gedreht. Das eine Glücksrad hat 2 rote und 4 blaue Felder. Das andere Glücksrad hat 2 rote, 2 grüne und 3 blaue Felder.
Mit welcher Wahrscheinlichkeit bleiben beide Glücksräder auf rot stehen?
$P(rr) = \frac{2}{6} \cdot \frac{2}{7} = \frac{2}{21}$

Baumdiagramm:

Mit welcher Wahrscheinlichkeit erhält man zuletzt die Farbe grün?
$P(rg) + P(bg) = \frac{2}{6} \cdot \frac{2}{7} + \frac{4}{6} \cdot \frac{2}{7} = \frac{2}{7}$

Mit welcher Wahrscheinlichkeit erhält man nicht zwei mal die gleiche Farbe?
$P = 1 - P(\text{zwei mal gleiche Farbe}) = 1 - P(rr) - P(bb) = 1 - \frac{2}{6} \cdot \frac{2}{7} - \frac{4}{6} \cdot \frac{3}{7} = \frac{13}{21}$

e) In einem Stapel aus 10 Karten befinden sich 5 Asse, 3 Könige und 2 Damen. Ein Spieler hebt zwei Karten ab. Berechnen Sie die Wahrscheinlichkeiten der folgenden Ereignisse.
E_1: Der Spieler erhält genau 2 Asse.
$P(E_1) = \frac{5}{10} \cdot \frac{4}{9} = \frac{2}{9}$

Baumdiagramm:
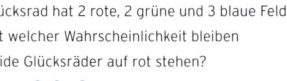
A: Ass; $\bar{A}$: kein Ass;

E_2: Der Spieler erhält genau ein Ass.
$P(E_2) = P(A\bar{A}) + P(\bar{A}A) = \frac{5}{10} \cdot \frac{5}{9} + \frac{5}{10} \cdot \frac{5}{9} = \frac{5}{9}$

E_3: Der Spieler zieht keinen König.
$P(E_3) = P(\bar{K}\bar{K}) = \frac{7}{10} \cdot \frac{6}{9} = \frac{7}{15}$

Baumdiagramm:
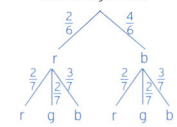

E_4: Der Spieler erhält höchstens zwei Könige.
$P(E_4) = 1$ (sicheres Ereignis)

f) In einer Urne befinden sich eine blaue, eine rote und eine grüne Kugel. Es werden zwei Kugeln gezogen. Nur falls eine gezogene Kugel blau ist, wird diese zurückgelegt. Berechnen Sie die Wahrscheinlichkeiten der folgenden Ereignisse.
A: Man zieht zwei mal die gleiche Farbe.
$P(A) = P(bb) = \frac{1}{3} \cdot \frac{1}{3} = \frac{1}{9}$

B: Im zweiten Zug erhält man die Farbe grün.
$P(B) = P(bg) + P(rg) = \frac{1}{3} \cdot \frac{1}{3} + \frac{1}{3} \cdot \frac{1}{2} = \frac{5}{18}$

Baumdiagramm:
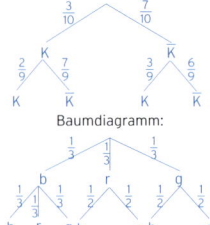

3 Erwartungswert

1 Ein Elektronikbetrieb produziert Speicherchips. Die Chips werden in zwei Produktionsstufen hergestellt. Die Fehlerwahrscheinlichkeit in jeder Produktionsstufe beträgt 20 %.

a) Geben Sie ein Baumdiagramm an.
F: fehlerhaft; $\bar{F}$: nicht fehlerhaft

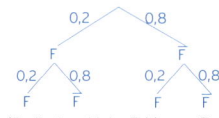

b) Geben Sie die Wahrscheinlichkeitsverteilung für die Anzahl der Fehler an. Bestimmen Sie den Erwartungswert für die Anzahl der Fehler.

Ergebnisse	$\bar{F}\bar{F}$	$(\bar{F}F)$, $(F\bar{F})$	(FF)
Anzahl der Fehler	0	1	2
P	$0{,}8 \cdot 0{,}8$	$0{,}8 \cdot 0{,}2 + 0{,}2 \cdot 0{,}8$	$0{,}2 \cdot 0{,}2$
	$= 0{,}8^2 = 0{,}64$	$= 2 \cdot 0{,}8 \cdot 0{,}2 = 0{,}32$	$= 0{,}2^2 = 0{,}04$

Erwartungswert: $0 \cdot 0{,}64 + 1 \cdot 0{,}32 + 2 \cdot 0{,}04 = 0{,}40$

2 Bei einem Spiel wird zweimal gewürfelt.

a) Für jede gewürfelte 5 bekommt der Spieler 2 EUR ausbezahlt. Ansonsten erhält der Spieler nichts. Geben Sie die Wahrscheinlichkeitsverteilung für die Auszahlung an. Wie viel bekommt der Spieler im Durchschnitt pro Spiel ausbezahlt?

Ergebnisse	(55)	$(5\bar{5})$, $(\bar{5}5)$	$(\bar{5}\bar{5})$
Auszahlung	4	2	0
P	$\frac{1}{6} \cdot \frac{1}{6} = \frac{1}{36}$	$\frac{1}{6} \cdot \frac{5}{6} + \frac{5}{6} \cdot \frac{1}{6} = \frac{5}{18}$	$1 - \frac{1}{36} - \frac{5}{18} = \frac{25}{36}$

Erwartungswert: $4 \cdot \frac{1}{36} + 2 \cdot \frac{5}{18} + 0 \cdot \frac{25}{36} = 0{,}67$

Er bekommt durchschnittlich 0,67 € ausbezahlt.

b) Falls bei beiden Würfen die gleiche Augenzahl erscheint, bekommt der Spieler die Summe der Augenzahlen ausbezahlt. Ansonsten erhält der Spieler nichts. Geben Sie die Wahrscheinlichkeitsverteilung für die Auszahlung an. Bestimmen Sie den Erwartungswert.

Ergebnisse	(11)	(22)	(33)	(44)	(55)	(66)	sonst
Auszahlung	2	4	6	8	10	12	0
P	$\frac{1}{6} \cdot \frac{1}{6} = \frac{1}{36}$	$\frac{1}{36}$	$\frac{1}{36}$	$\frac{1}{36}$	$\frac{1}{36}$	$\frac{1}{36}$	$1 - \frac{6}{36} = \frac{5}{6}$

Erwartungswert: $\frac{1}{36} \cdot (2 + 4 + 6 + 8 + 10 + 12) = \frac{42}{36} = 1{,}17$

3 Die Jugendabteilung eines Fußballvereins veranstaltet ein Torwandschießen mit zwei
Schüssen: erst ein Schuss auf das untere Loch, dann ein Schuss auf das obere.
Dabei nimmt sie für dieses Spiel eine Trefferwahrscheinlichkeit von 0,18 für das untere
Loch und 0,12 für das obere Loch an.

a) Zeichnen Sie ein geeignetes
Baumdiagramm und berechnen
Sie die Wahrscheinlichkeiten
aller Spielausgänge.

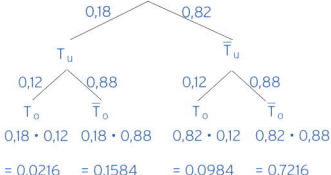

b) Daniela möchte ein Spiel wagen und bezahlt 1 €. Für einen Treffer erhält Daniela
2 €, für zwei Treffer 10 €, ohne Treffer ist der Einsatz verloren.
Geben Sie die Wahrscheinlichkeitsverteilung für den Gewinn von Daniela an.

Ergebnisse	$(T_u T_o)$ (Zwei Treffer)	$(T_u \overline{T}_o)$; $(\overline{T}_u T_o)$ (Ein Treffer)	$(\overline{T}_u \overline{T}_o)$ (Kein Treffer)
Gewinn	10 − 1 = 9	2 − 1 = 1	0 − 1 = − 1
P	0,0216	0,1584 + 0,0984 = 0,2568	0,7216

c) Bestimmen Sie den Erwartungswert für den Gewinn von Daniela.
Erläutern Sie, welche Aussagekraft dieser Wert für Daniela hat. Ist das Spiel fair?

Erwartungswert: $9 \cdot 0{,}0216 + 1 \cdot 0{,}2568 + (-1) \cdot 0{,}7216 = -0{,}2704$

Der durchschnittliche Gewinn für ein Spiel in € beträgt − 0,2704 ≈ − 0,27

Daniela macht einen Verlust, für Daniela ist das Spiel ungünstig.

d) Berechnen Sie, wie viele Spiele die Jugendabteilung mindestens anbieten muss,
um einen erwarteten Gewinn von 100 € zu erzielen.

Erwarteter Gewinn pro Spiel: 0,27 €

Anzahl Spiele: 100 : 0,27 ≈ 370,37

Die Jugendabteilung sollte mindestens 371 Spiele anbieten.

67

---

4 Bei einem Fest darf man gegen den Einsatz von 2 € ein
Glücksrad ein Mal drehen. Bei „Grün" erhält der Spieler 7 €
ausbezahlt, bei „Blau" 2 € und bei „Rot" keine
Auszahlung.

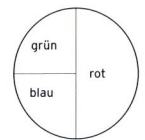

a) Geben Sie die Wahrscheinlichkeitsverteilung für den Gewinn eines Spielers an.

Ergebnisse	Grün	Blau	Rot
Gewinn	7 − 2 = 5	2 − 2 = 0	0 − 2 = − 2
P	$\frac{1}{4}$	$\frac{1}{4}$	$\frac{1}{2}$

b) Bestimmen Sie den durchschnittlichen Gewinn eines Spielers.

$5 \cdot \frac{1}{4} + (0 \cdot \frac{1}{4}) + (-2) \cdot \frac{1}{2} = 0{,}25$ Der durchschnittliche Gewinn beträgt 0,25 €.

c) Welche Information erhält der Besucher hierdurch?

Der Erwartungswert des Gewinns des Spielers ist positiv. Somit ist das Spiel für
diesen günstig.

5 Eine Losbude, welche Lose für 3 EUR verkauft, wirbt: „Jedes Los gewinnt! Auszahlungen bis zu 100 EUR!" Auf Nachfrage teilt der Besitzer der Losbude mit, dass 75 %
der Lose zu einer Auszahlung von 1 EUR führen, 24 % der Lose zu einer Auszahlung
von 2 EUR führen und nur 1 % der Lose zu einer Auszahlung von 100 EUR führen.

a) Bestimmen Sie den Erwartungswert der Auszahlung pro Los.

Erwartungswert in EUR: $1 \cdot 0{,}75 + 2 \cdot 0{,}24 + 100 \cdot 0{,}01 = 2{,}23$

b) Pro Tag werden durchschnittlich 350 Lose verkauft.
Mit welchem Tagesgewinn kann die Losbude rechnen?
Zu erwartender Gewinn pro Los: 3 € − 2,23 € = 0,77 €;
Zu erwartender Gewinn bei 350 Losen: 350 · 0,77€ = 269,5 €

c) Zukünftig will der Besitzer der Losbude mit Auszahlungen von bis zu 160 EUR werben.
Auf welchen Wert muss er die geringstmögliche Auszahlung pro Los senken, wenn
er den zu erwartenden Gewinn pro Los beibehalten will.

Die zu erwartende Auszahlung pro Los soll weiterhin 2,23 € betragen.

Die geringste mögliche Auszahlung pro Los sei a:

$a \cdot 0{,}75 + 2 \cdot 0{,}24 + 160 \cdot 0{,}01 = 2{,}23$

$0{,}75a = 0{,}15$

$a = 0{,}20$ Die Auszahlung sollte auf 0,20 € gesenkt werden.

68

V Geraden

1 Ursprungsgeraden

Die Gleichung einer Ursprungsgeraden lautet:

$y = m \cdot x$

Steigung

1 Füllen Sie die Wertetabelle aus und zeichnen Sie die Gerade ein.

y = 1,5x

x	− 2	− 1	0	1	2
y	− 3	− 1,5	0	1,5	3

$y = -\frac{1}{2}x$

x	− 2	− 1	0	1	2
y	1	0,5	0	− 0,5	− 1

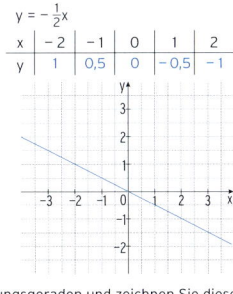

2 Bestimmen Sie einen Punkt auf der Ursprungsgeraden und zeichnen Sie diese
Gerade ein.

A: y = − 2x   P(1 | − 2)

B: $y = \frac{1}{3}x$ P(3 | 1)

C: $y = -\frac{2}{3}x$ P(3 | − 2)

A: y = 2,5x   P(1 | 2,5)

B: $y = \frac{5}{4}x$ P(2 | 2,5)

C: x + 3y = 0 $y = -\frac{1}{3}x$; P(3 | − 1)

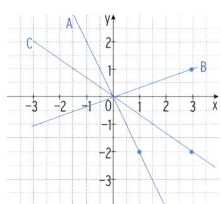

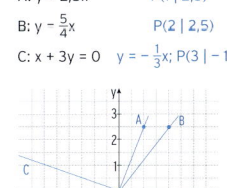

69

---

3 Zeichnen Sie die Ursprungsgerade mithilfe der Steigung.

A: y = 1,25x   m = 1,25

B: $y = -\frac{7}{4}x$ $m = -\frac{7}{4}$

C: $y = -\frac{4}{3}x$ $m = -\frac{4}{3}$

A: y = 0   m = 0

B: x − y = 0   y = x   m = 1

C: x + y = 0   y = − x   m = − 1

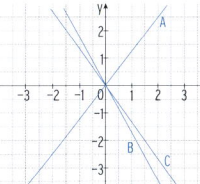

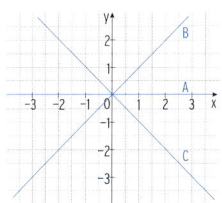

4 Zeichnen Sie die Geraden mithilfe eines Steigungsdreiecks.

A: y = − 2x

B: $y = \frac{1}{3}x$

C: $y = -\frac{2}{3}x$

A: y = 2,5x

B: $y = \frac{5}{2}x$

C: 2y + 3x = 0 $y = -\frac{3}{2}x$

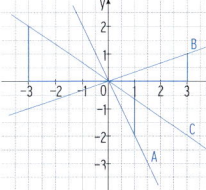

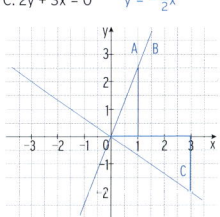

5 Ordnen Sie jeder Geraden eine Steigung zu.

g_2: m = − 2

g_6: m = 1,75

g_3: m = − 2,2

g_1: m = − 0,2

g_4: m = 4

g_5: m = 2

70

119

6 Ordnen Sie zu. indem Sie die Geraden beschriften.

A: $y = -x$ B: $y = 1,5x$ C: $y = x$

A: $y = \frac{2}{3}x$ B: $y = -\frac{3}{2}x$ C: $y = -3x$

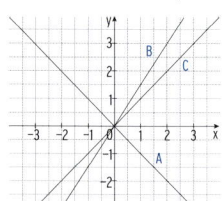
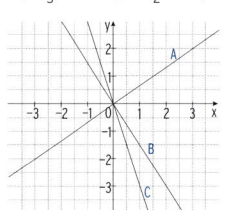

7 Geben Sie die Gleichungen der Geraden an.

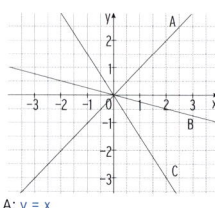
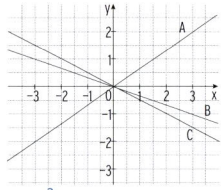

A: $y = x$

A: $y = \frac{2}{3}x$

B: $y = -\frac{1}{4}x$

B: $y = -\frac{1}{3}x$

C: $y = -\frac{3}{2}x$

C: $y = -\frac{1}{2}x$

8 Untersuchen Sie, ob der Punkt P auf der Geraden g liegt.

g: $y = \frac{3}{4}x$; $P(2 \mid 1,5)$	Punktprobe: $1,5 = \frac{3}{4} \cdot 2$ ergibt $1,5 = \frac{3}{2}$ wahr P liegt auf g.
g: $y = -\frac{2}{3}x$; $P(-4 \mid 1,6)$	Punktprobe: $1,6 = -\frac{2}{3} \cdot (-4)$ ergibt $1,6 = \frac{8}{3}$ falsch P liegt nicht auf g.
g: $y = 0,25x$; $P(-2 \mid -0,5)$	Punktprobe: $-0,5 = 0,25 \cdot (-2)$ $-0,5 = -0,5$ wahr P liegt auf g.
g: $y = 18x$; $P(0,3 \mid 5,4)$	Punktprobe: $5,4 = 18 \cdot 0,3$ $5,4 = 5,4$ wahr P liegt auf g.

71

9 Bestimmen Sie m so, dass der Punkt P auf der Geraden mit $y = mx$ liegt (wenn möglich).

$P(4 \mid 5)$	$m = \frac{5}{4}$	$P(-6 \mid 0)$	$m = 0$
$P(-4 \mid 1)$	$m = -\frac{1}{4}$	$P(7 \mid 1,5)$	$m = \frac{1,5}{7} = \frac{3}{14}$
$P(-1 \mid -5)$	$m = \frac{-5}{-1} = 5$	$P(-6 \mid 2)$	$m = \frac{2}{-6} = -\frac{1}{3}$
$P(0,3 \mid 2,5)$	$m = \frac{2,5}{0,3} = \frac{25}{3}$	$P(0 \mid 3)$	geht nicht; g: $y = mx$ verläuft durch $O(0 \mid 0)$.

10 Beantworten Sie die Fragen.

Liegt $P(-4 \mid -12)$ auf der Geraden g: $y = 3x$?	Punktprobe: $-12 = 3 \cdot (-4)$ $-12 = -12$ wahr
Wie unterscheiden sich die Geraden mit den Steigungen 2 und -2?	Steigung 2: steigend Steigung -2: fallend
Die Gerade $y = mx$ geht nie durch $(0 \mid 1)$?	wahr; Ursprungsgerade
Ist die Gerade g: $y = 2x$ steiler als die Gerade h: $y = 0,5x$?	wahr; Steigung größer

11 Eine Ursprungsgerade mit der Gleichung $y = mx$ beschreibt den Zusammenhang. Geben Sie die Geradengleichung an.

2 Liter Cola kosten 1,30 €.	$y = 0,65x$; x in Liter; y in €
9 Äpfel kosten 1,80 €.	$y = 0,20x$; x in Stück; y in €
4 Holzlatten sind zusammen 6 m lang.	$y = 1,5x$; x in Stück; y in m
20 m² Teppichboden kosten 280 €.	$y = 14x$; x in m²; y in €
4 Eier vom Bauer wiegen 248 g.	$y = 62x$; x in Stück; y in g
Ein Auto legt bei gleichbleibender Geschwindigkeit in 0,5 h 42 km zurück.	$y = 84x$; x in Stunden; y in km

72

2 Geraden mit der Gleichung y = mx + b

Die allgemeine Geradengleichung in Hauptform lautet:

$$y = m \cdot x + b$$

Steigung   y-Achsenabschnitt

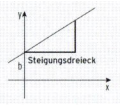

1 Bestimmen Sie zwei Geradenpunkte und zeichnen Sie die Gerade ein.

$y = 0,5x - 1$

$P(0 \mid -1)$; $Q(2 \mid 0)$

$y = -1,5x + 0,5$

$P(0 \mid 0,5)$; $Q(2 \mid -2,5)$

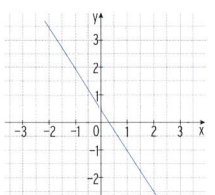

2 Zeichnen Sie die Geraden mithilfe eines Steigungsdreiecks.

A: $y = 2x - 1$ B: $y = \frac{2}{3}x - \frac{1}{2}$ C: $y = x + 1$

A: $y = 2 - x$ B: $y = -\frac{5}{2}x$ C: $y = \frac{3}{2}x - \frac{3}{2}$

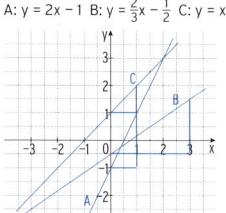
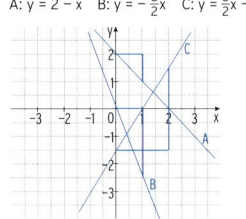

A: $y = -1$ B: $y = \frac{4}{3}x + 1$ C: $y = \frac{1}{2}x + 1$

A: $y = 3 + \frac{2}{3}x$ B: $y + 1 = x$ C: $2y = -x$

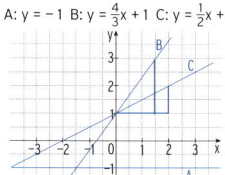
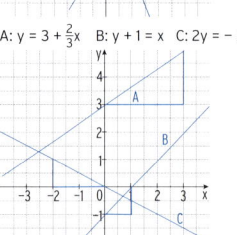

73

3 Ordnen Sie zu, indem Sie die Geraden beschriften.

A: $y = -x - 1$

B: $y = 2,5x - 1$

C: $y = x + 0,5$

A: $y = \frac{1}{3}x - 2$

B: $y = 3x$

C: $y = 3x - 2$

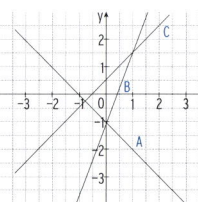
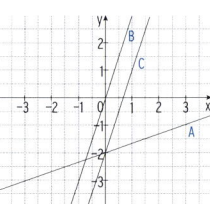

4 Geben Sie die Gleichungen der Geraden an.

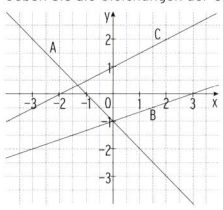
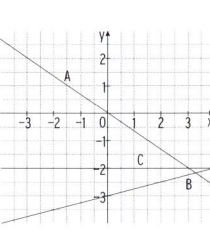

A: $y = -x - 1$

B: $y = \frac{1}{3}x - 1$

C: $y = \frac{1}{2}x + 1$

A: $y = -\frac{2}{3}x$

B: $y = \frac{1}{4}x - 3$

C: $y = -2$

5 Lösen Sie nach y auf und zeichnen Sie die Geraden ein.

A: $y + 2x - 1 = 0$

$y = -2x + 1$

Punkte: $P(0 \mid 1)$; $Q(2 \mid -3)$

B: $3y - 2x + 2 = 0$

$3y = 2x - 2$

$y = \frac{2}{3}x - \frac{2}{3}$

Steigung: $m = \frac{2}{3}$ $S_y(0 \mid -\frac{2}{3})$

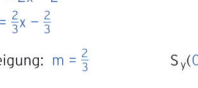

74

6 Ordnen Sie den Geraden g bis k jeweils eine Beschreibung zu.

Es ist die steilste Gerade. | k |

Die Gerade verläuft oberhalb der x-Achse. | i |

Der Punkt P(− 2 | 1) liegt auf der Geraden. | g |

Die Gerade ist parallel zur Geraden mit y = − 1,5x. | h |

Die Gerade schneidet die x-Achse in $x_0 = -3$. | k |

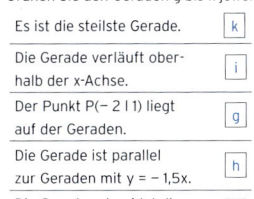

7 Kreuzen Sie an, welche der Punkte auf der Geraden liegen.

y = 2x + 1   ☐ P_1 (3 | 4)   ☒ P_2 (3 | 7)

y + 3x + 4 = 0   ☒ P_1 (3 | − 13)   ☐ P_2 (− 3 | − 5)

$y = \frac{1}{2}x + \frac{3}{2}$ ☒ P_1 (− 1 | 1)   ☒ P_2 (8 | $\frac{11}{2}$)

$y = \frac{2}{5}x - \frac{3}{5}$ ☐ P_1 (5 | $-\frac{7}{5}$)   ☒ P_2 (5 | $\frac{7}{5}$)

8 Auf welcher Geraden liegt der Punkt P?

P(− 1 | 5)	☐ y = − 3x − 1	☐ $y = \frac{2}{3}x - 1$	☒ y = 1 − 4x
P($\frac{3}{2}$ | 0)	☐ y = − 3x − 1	☒ $y = \frac{2}{3}x - 1$	☐ y = 1 − 4x
P(2,4 | − 8,2)	☒ y = − 3x − 1	☐ $y = \frac{2}{3}x - 1$	☐ y = 1 − 4x

9 Bestimmen Sie die fehlende Koordinate des Punktes P, sodass der Punkt P auf der gegebenen Geraden liegt.

y = 3x − 1	y = 3 · 4 − 1 = 11	$y = -\frac{1}{2}x + 4$	$1 = -\frac{1}{2}x + 4$
P(4 |...)	P(4 | 11)	P(... | 1)	$\frac{1}{2}x = 3$
			x = 6 P(6 | 1)

y = 4x + 1	y = 4 · (− 1) + 1 = − 3	y = 0,25x − 5	3 = 0,25x − 5
P(− 1 | ...)	P(− 1 | − 3)	P(... | 3)	8 = 0,25x
			x = 32 P(32 | 3)

---

10 Bestimmen Sie m bzw. b so, dass der Punkt P auf der Geraden g: y = mx + b liegt.

g: y = mx − 1; P(2 | − 3)	− 3 = m · 2 − 1 ergibt 2m = − 2
	m = − 1
$y = -\frac{1}{2}x + b$; P(5 | 1)	$1 = -\frac{1}{2} \cdot 5 + b$
	$b = \frac{7}{2}$
y = mx + 4; P(− 1 | 6)	6 = m · (− 1) + 4
	m = − 2
y = 0,5x + b; P(− 4 | 3)	3 = 0,5 · (− 4) + b
	b = 5

12 Eine Gerade mit der Gleichung y = mx + b beschreibt den Zusammenhang. Geben Sie die Geradengleichung an.

10 € Grundgebühr; Verbrauchsgebühr 0,22 $\frac{€}{kWh}$.	y = 0,22x + 10; x in kWh; y in €
20 € Grundgebühr; Leihgebühr: 3,50 €/Stunde	y = 3,50x + 20 x in Stunden; y in €
65 Liter Tankinhalt; Verbrauch 8 Liter/Stunde	y = − 8x + 65 x in Stunden; y in Liter
560 Liter Tankinhalt; Füllung mit 45 Liter/min	y = 45x x in Min; y in Liter
keine Grundgebühr; Jedes GB kostet 4 €.	y = 4x x in GB; y in €
Schraubengewicht 25 g/Stück; Verpackungsgewicht 2,2 kg	y = 25x + 2200 x in Stück; y in g
Fixkosten 120 €; Stückkosten 15 €	y = 15x + 120 x in Stück; y in €
Fahrtkosten: 2,50 € pro 2 km; Anfahrtskosten für das Taxi 3,60 €.	y = 1,25x + 3,60; x in km; y in €

---

3 Aufstellen von Geradengleichungen

1 Die Gerade g hat die Steigung m und verläuft durch den Punkt P. Ermitteln Sie ihre Gleichung.

m = − 4 ; P(2| − 3)	m = 3 ; P(− 4| 2)
Punktprobe mit P in y = − 4x + b:	Punktprobe mit P in y = 3x + b:
− 3 = − 4 · 2 + b	2 = 3 · (− 4) + b
− 3 = − 8 + b | + 8	2 = − 12 + b | + 12
5 = b	14 = b
g: y = − 4x + 5	g: y = 3x + 14

$m = \frac{1}{2}$; P(− 2 | $\frac{3}{2}$)	m = − 2,5 ; P(− 8 | 4)
Punktprobe mit P in $y = \frac{1}{2}x + b$:	Punktprobe mit P in y = − 2,5x + b:
$\frac{3}{2} = \frac{1}{2} \cdot (-2) + b$	4 = − 2,5 · (− 8) + b
$\frac{3}{2} = -1 + b$ | + 1	4 = 20 + b
$\frac{5}{2} = b$	− 16 = b
g: $y = \frac{1}{2}x + \frac{5}{2}$	g: y = − 2,5x − 16

2 Die Gerade g verläuft parallel zur Geraden h und durch den Punkt P. Bestimmen Sie die Gleichung von g.

Gerade h: $y = -\frac{3}{2}x - 4$; P(2| 4)	Gerade h: $y = -\frac{1}{2}x + 3$; P(− 1| 2)
Steigung von g: $m = -\frac{3}{2}$	Steigung von g: $m = -\frac{1}{2}$
Punktprobe mit P in $y = -\frac{3}{2}x + b$:	Punktprobe mit P in $y = -\frac{1}{2}x + b$:
$4 = -\frac{3}{2} \cdot 2 + b$	$2 = -\frac{1}{2} \cdot (-1) + b$
4 = − 3 + b | + 3	$2 = \frac{1}{2} + b$ | $-\frac{1}{2}$
7 = b	$\frac{3}{2} = b$
g: $y = -\frac{3}{2}x + 7$	g: $y = -\frac{1}{2}x + \frac{3}{2}$

Gerade h: $y = -3x + \frac{5}{4}$; P(− 8| − 8)	Gerade h: y = 2; P(3 | 1)
Steigung von g: m = − 3	Steigung von g: m = 0
Punktprobe mit P in y = − 3x + b:	Punktprobe mit P in y = b:
− 8 = − 3 · (− 8) + b	1 = 0 · 3 + b
− 8 = 24 + b | $+\frac{8}{3}$	1 = b
− 32 = b	g: y = 1
g: y = − 3x − 32	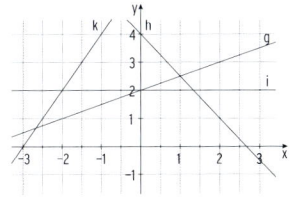

---

3 Geben Sie jeweils eine Gleichung an.

Geraden- gleichung	Parallele Gerade durch (0 | 7)	Parallele Gerade durch (− 2| 0)	
$y = \frac{3}{2}x - 2$	$y = \frac{3}{2}x + 7$	$0 = \frac{3}{2} \cdot (-2) + b$ b = 3	$y = \frac{3}{2}x + 3$
y = − 3x − 2	y = − 3x + 7	0 = − 3 · (− 2) + b b = − 6	y = − 3x − 6
y = 2,5x − 2	y = 2,5x + 7	0 = 2,5 · (− 2) + b b = 5	y = 2,5x + 5
y = 4	y = 7	y = 0	
$y = \frac{9}{4}x - 2$	$y = \frac{9}{4}x + 7$	$0 = \frac{9}{4} \cdot (-2) + b$ $b = \frac{9}{2}$	$y = \frac{9}{4}x + \frac{9}{2}$

4 Die Gerade g verläuft durch die Punkte P und Q. Bestimmen Sie ihre Gleichung.

P(2| − 3); Q(− 4| − 5)	P(− 2| 5,5); Q(3 | − 6)
$m = \frac{y_2 - y_1}{x_2 - x_1} = \frac{-5 - (-3)}{-4 - 2}$	$m = \frac{y_2 - y_1}{x_2 - x_1} = \frac{-6 - 5,5}{3 - (-2)} = \frac{-11,5}{5}$
$m = \frac{-2}{-6} = \frac{1}{3}$	m = − 2,3
Punktprobe mit P in $y = \frac{1}{3}x + b$:	Punktprobe mit P in y = − 2,3x + b:
$-3 = \frac{1}{3} \cdot 2 + b$	5,5 = (− 2,3) · (− 2) + b
$-3 = \frac{2}{3} + b$ | $-\frac{2}{3}$	5,5 = 4,6 + b | − 4,6
$-\frac{11}{3} = b$	0,9 = b
Gleichung von g: $y = \frac{1}{3}x - \frac{11}{3}$	g: y = − 2,3x + 0,9

P($\frac{3}{2}$| − 1); Q($\frac{5}{2}$| $\frac{1}{2}$)	P($\frac{5}{3}$| − 3); Q($\frac{1}{3}$| − 3)
$m = \frac{y_2 - y_1}{x_2 - x_1} = \frac{\frac{1}{2} - (-1)}{\frac{5}{2} - \frac{3}{2}} = \frac{\frac{3}{2}}{1} = \frac{3}{2}$	$m = \frac{y_2 - y_1}{x_2 - x_1} = \frac{-3 - (-3)}{\frac{1}{3} - \frac{5}{3}} = \frac{0}{-\frac{4}{3}} = 0$
Punktprobe mit P in $y = \frac{3}{2}x + b$:	Punktprobe mit P in y = 0 · x + b:
$-1 = \frac{3}{2} \cdot \frac{3}{2} + b$	$-3 = 0 \cdot \frac{5}{3} + b$
$-1 = \frac{9}{4} + b$ | $-\frac{9}{4}$	− 3 = b
$-\frac{13}{4} = b$	g: y = − 3
g: $y = \frac{3}{2}x - \frac{13}{4}$	(Parallel zur x-Achse, da gleicher y-Wert bei beiden Punkten.)

16 Bohner u.a. ISBN 978-3-8120-2119-7

Lösungen
· · · · ·

4 Schnittpunkte

Schnittpunkte mit den Koordinatenachsen

1 Bestimmen Sie die Koordinaten der Schnittunkte von g mit den Koordinatenachsen.

g: $y = 5x + 2$
mit der y-Achse:
Bed.: $x = 0$: $y = 5 \cdot 0 + 2 = 2$
$S_y(0 | 2)$
mit der x-Achse:
$y = 0$: $5x + 2 = 0$ $|-2$
       $5x = -2$ $|:5$
       $x = -\frac{2}{5}$
$N(-\frac{2}{5} | 0)$

g: $y = -x + 4$
mit der y-Achse:
$x = 0$: $y = -0 + 4 = 4$;
$S_y(0 | 4)$
mit der x-Achse:
$y = 0$: $-x + 4 = 0$ $|+x$
       $4 = x$
$N(4 | 0)$

g: $y = -\frac{6}{5}x + 3$
mit der y-Achse:
$x = 0$: $y = -\frac{6}{5} \cdot 0 + 3 = 3$;
$S_y(0 | 3)$
mit der x-Achse:
$y = 0$: $-\frac{6}{5}x + 3 = 0$ $|-3$
       $-\frac{6}{5}x = -3$ $|\cdot 5 |:6$
       $x = \frac{5}{2}$
$N(\frac{5}{2} | 0)$

g: $y + 2x = 1$ in Hauptform: $y = -2x - 1$
mit der y-Achse:
$x = 0$: $y = -2 \cdot 0 - 1 = -1$;
$S_y(0 | -1)$
mit der x-Achse:
$y = 0$: $-2x - 1 = 0$ $|+1$
       $-2x = 1$ $|:(-2)$
       $x = -\frac{1}{2}$
$N(-\frac{1}{2} | 0)$

2 Bestimmen Sie den Flächeninhalt des Dreiecks.

Geradengleichung aufstellen:

$S_y(0 | 26)$: $y = mx + 26$

$m = -6$

$y = -6x + 26$

Achsenschnittpunkte: $S_y(0 | 26)$

x-Achse: $0 = -6x + 26$

$x = \frac{13}{3}$ $N(\frac{13}{3} | 0)$

Flächeninhalt berechnen:

$A = \frac{1}{2} \cdot \frac{13}{3} \cdot 26 = \frac{169}{3} = 56,33$

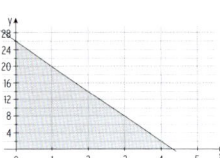

79

Schnittpunkte zweier Geraden

1 Bestimmen Sie den Schnittpunkt der Geraden g und h.

g: $y = 5x + 2$ h: $y = -x + 4$	g: $y = -4x + 5$ h: $y = -3x + 3$
Gleichsetzen: $5x + 2 = -x + 4$ $|+x$	Gleichsetzen: $-4x + 5 = -3x + 3$ $|-5$
$6x + 2 = 4$ $|-2$	$-4x = -3x - 2$ $|+3x$
$6x = 2$ $|:6$	$-x = -2$ $|:(-1)$
$x = \frac{2}{6} = \frac{1}{3}$	$x = 2$
y-Wert: $y = -\frac{1}{3} + 4 = \frac{11}{3}$	y-Wert: $y = -4 \cdot 2 + 5 = -3$
Schnittpunkt: $S(\frac{1}{3} | \frac{11}{3})$	Schnittpunkt: $S(2 | -3)$

g: $y = -\frac{6}{5}x + 3$ h: $y = -2x - 1$	g: $y = \frac{2}{3}x - 1$ h: $2y - x + 8 = 0$
Gleichsetzen: $-\frac{6}{5}x + 3 = -2x - 1$ $|-3$	Gleichsetzen: $\frac{2}{3}x - 1 = \frac{1}{2}x - 4$ $|+1$
$-\frac{6}{5}x = -2x - 4$ $|+2x$	$\frac{2}{3}x = \frac{1}{2}x - 3$ $|-\frac{1}{2}x$
$\frac{4}{5}x = -4$ $|\cdot 5 |:4$	$\frac{1}{6}x = -3$ $|\cdot 6$
$x = -5$	$x = -18$
y-Wert: $y = -2 \cdot (-5) - 1 = 9$	y-Wert: $y = \frac{1}{2} \cdot (-18) - 4 = -13$
Schnittpunkt: $S(-5 | 9)$	Schnittpunkt: $S(-18 | -13)$

2 Gegeben sind die beiden Geraden g: $5y - x = 0$ und h: $y = -0,5x + 2$.

a) Zeichnen Sie die Geraden in das Koordinatensystem. Lesen Sie die Koordinaten des Schnittpunktes ab.

g: $y = \frac{1}{5}x$; Schnittpunkt $(2,7 | 0,6)$

b) Berechnen Sie die Koordinaten des Schnittpunktes.

g: $y = \frac{1}{5}x$ $\frac{1}{5}x = -0,5x + 2$ $|+0,5x$

        $\frac{7}{10}x = 2$ $|\cdot 10 |:7$

        $x = \frac{20}{7}$

$y = \frac{1}{5} \cdot \frac{20}{7} = \frac{4}{7}$ und damit $S(\frac{20}{7} | \frac{4}{7})$

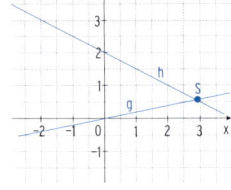

c) Eine zur Geraden g parallele Gerade durch $(0 | 1)$ schneidet h in T. Berechnen Sie die Koordinaten von T.

Parallele zu g: $y = \frac{1}{5}x + 1$ Gleichsetzen: $\frac{1}{5}x + 1 = -0,5x + 2$

        $\frac{7}{10}x = 1$ für $x = \frac{10}{7}$

$y = \frac{1}{5} \cdot \frac{10}{7} + 1 = \frac{9}{7}$ und damit $T(\frac{10}{7} | \frac{9}{7})$

80

3 Die Geraden g: $y = \frac{3}{5}x + 1$ und h: $y = 6$ begrenzen mit der y-Achse ein Dreieck.

Stellen Sie den Sachverhalt in einer Skizze dar.

Berechnen Sie den Flächeninhalt des Dreiecks.

Schnittpunkt von g und y-Achse: $S_y(0 | 1)$

Schnittpunkt von g und h: $\frac{3}{5}x + 1 = 6$

        $\frac{3}{5}x = 5$

        $x = \frac{25}{3}$ $S(\frac{25}{3} | 6)$

Dreiecksinhalt: $A = \frac{1}{2} \cdot (6-1) \cdot \frac{25}{3}$

$A = \frac{125}{6}$

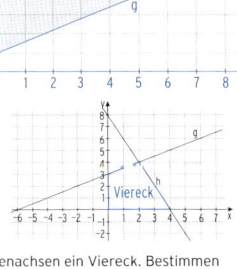

4 Das Schaubild zeigt die Geraden g und h.

a) Bestimmen Sie die Geradengleichungen.

g: $y = -0,5x + 3$

h: $y = -2x + 8$

b) Die Geraden bilden zusammen mit den Koordinatenachsen ein Viereck. Bestimmen Sie den Flächeninhalt des Vierecks. Kennzeichnen Sie das Viereck in der Abbildung.

g: $S_y(0 | 3)$; h: $N(4 | 0)$

Das Viereck lässt sich durch ein umbeschriebenes Viereck (Quadrat) abzüglich zweier rechtwinkliger Dreiecke

berechnen.

$A_{Viereck} = 4 \cdot 4 = 16$; $A_1 = \frac{1}{2} \cdot 2 \cdot 1 = 1$; $A_2 = \frac{1}{2} \cdot 4 \cdot 2 = 4$

$A = A_{Viereck} - A_1 - A_2 = 16 - 1 - 4 = 11$

Das Viereck hat einen Flächeninhalt von 11 FE.

c) Bestimmen Sie den Winkel, den die Gerade g mit der x-Achse bildet.

$m = \tan \alpha = 0,5$ für $\alpha = 26,6°$

d) Geben Sie die Gleichung einer senkrechten sowie einer waagrechten Geraden an, die beide durch den Schnittpunkt der Geraden g und h verlaufen.

Schnittpunkt aus dem Schaubild: $S(2 | 4)$

Senkrechte Gerade: $x = 2$ Waagrechte Gerade: $y = 4$

81

Vermischte Aufgaben

1 Gegeben ist die Gerade g: $y = -\frac{3}{2}x + \frac{3}{4}$.

Zeichnen Sie die Gerade g in das Koordinatensystem.

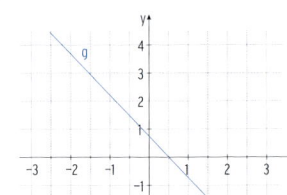

Der Gerade schneidet die y-Achse in $P(0 | \frac{3}{4})$.

$y = 0$ $0 = -\frac{3}{2}x + \frac{3}{4}$ $\frac{3}{2}x = \frac{3}{4}$ $x = \frac{3}{4} : \frac{3}{2} = \frac{1}{2}$

Die Gerade schneidet die x-Achse in $P(\frac{1}{2} | 0)$.

Die Gerade begrenzt mit der x-Achse und der y-Achse ein Dreieck mit dem Inhalt $A = \frac{1}{2} \cdot \frac{1}{2} \cdot \frac{3}{4} = \frac{3}{16}$

Die Gerade g verläuft durch den Punkt $T(2 | -\frac{9}{4})$.

$y = -\frac{3}{2} \cdot 2 + \frac{3}{4} = -3 + \frac{3}{4} = -\frac{9}{4}$

Die Gerade g verläuft durch den Punkt $Q(-\frac{1}{6} | 1)$.

$1 = -\frac{3}{2}x + \frac{3}{4}$ $\frac{3}{2}x = -\frac{1}{4}$ $x = -\frac{1}{4} : \frac{3}{2} = -\frac{1}{6}$

Die Gerade h verläuft parallel zu g durch $R(0 | 6)$: $y = -\frac{3}{2}x - 6$

2 Wahr oder falsch?

Jede Gerade schneidet die x-Achse.	☐ w	☒ f
Jede Gerade schneidet die y-Achse.	☐ w	☒ f
Liegen auf der Geraden zwei Punkte mit positiven Koordinaten, so verläuft die Gerade steigend.	☐ w	☒ f
Der Punkt $P(-\frac{2}{5} | 0)$ liegt auf der Geraden $y = 5x + 2$.	☒ w	☐ f
Liegen auf der Geraden zwei Punkte mit gleichem y-Wert, so verläuft die Gerade parallel zur x-Achse.	☒ w	☐ f

82

3 Gegeben ist die Gerade g mit der Gleichung $y = \frac{1}{4}x - \frac{5}{4}$.

a) Welches der drei folgenden Schaubilder gehört zu g? Begründen Sie in den anderen Fällen, warum sie nicht passen.

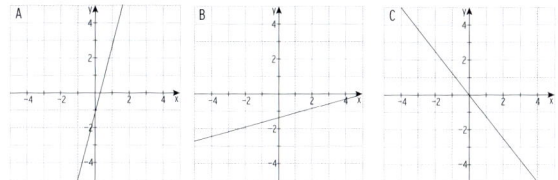

Abbildung B zeigt g; Abbildung A: Gerade mit Steigung 4 und durch $P(0 \mid -1)$.

Abbildung C: fallende Gerade

b) Prüfen Sie nach, ob der Punkt $Q(18 \mid 3,25)$ auf g liegt.

Einsetzen: $y = \frac{1}{4} \cdot 18 - \frac{5}{4} = \frac{13}{4} = 3,25$; Q liegt auf g.

c) Die Gerade h ist gegeben durch $y = -x + \frac{11}{4}$. Bei der Bestimmung des Schnittpunktes der Geraden g und h kommen Jan und Olga zu verschiedenen Ergebnissen:

Jan: $(5 \mid 2,25)$; Olga: $(3,2 \mid -0,45)$. Überprüfen Sie die Ergebnisse.

Jan: Einsetzen: $y = \frac{1}{4} \cdot 5 - \frac{5}{4} = 0 \neq -2,25$ Jan hat sich verrechnet.

Olga: Einsetzen: $y = \frac{1}{4} \cdot 3,2 - \frac{5}{4} = -0,45$; $y = -3,2 + \frac{11}{4} = -0,45$

Olga hat Recht.

4 Die Gerade g geht durch die Punkte $A(0 \mid 2)$ und $B(-4 \mid 0)$. Die Gerade h verläuft parallel zu g durch den Punkt $C(0 \mid -2)$.

Zeichnen Sie g und h in dasselbe Koordinatensystem und geben Sie die Geradengleichungen an.

g: $y = \frac{1}{2}x + 2$

h: $y = \frac{1}{2}x - 2$

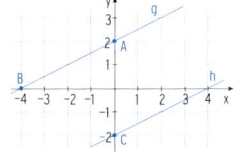

---

5 Kurt zahlt für eine Minute Telefonieren 9 Cent und eine monatliche Grundgebühr von 4 €. Jana zahlt für eine Minute Telefonieren 7,5 Cent und eine monatliche Grundgebühr von 6,20 €.
Bei welcher Minutenzahl bezahlen beide gleichviel?

x: Anzahl der Telefon-Minuten; y: Ausgaben in €

Ausgaben Kurt: $y = 0,09x + 4$ Ausgaben Jana: $y = 0,075x + 6,20$

Gleichsetzen: $0,09x + 4 = 0,075x + 6,20$ $\mid -4$

$0,09x = 0,075x + 2,20$ $\mid -0,075x$

$0,015x = 2,20$ $\mid : 0,015$

$x = 146,7$

Bei etwa 147 Minuten zahlen beide gleichviel.

6 Eine Kerze brennt gleichmäßig ab. Die Abbildung beschreibt den Abbrennvorgang (x in Minuten, y in cm).

a) Wie hoch ist die Kerze zu Beginn? 20 cm

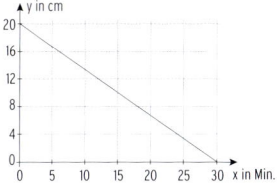

b) Wie lange brennt die Kerze?   30 min

c) Wieviel cm brennen pro Minute ab?

$\frac{20 \, cm}{30 \, min} = \frac{2}{3} \frac{cm}{min}$ $\frac{2}{3}$ cm pro Minute

d) Bestimmen Sie eine passende Gerade der Form $y = mx + b$. Erläutern Sie die Bedeutung von m und b für die Situation.

$y = -\frac{2}{3}x + 20$

Abnahme um $\frac{2}{3}$ cm pro Minute, $m = -\frac{2}{3}$

Anfangshöhe 20 cm entspricht einem y-Achsenabschnitt von 20.

e) Die Gerade verläuft durch den Punkt $T(9 \mid \ldots)$. Bestimmen Sie den y-Wert und erläutern Sie Ihr Ergebnis.

$y = -\frac{2}{3} \cdot 9 + 20 = 14$

Die Kerze ist nach 9 Minuten 14 cm hoch.

f) Die Gerade verläuft durch den Punkt $T(\ldots \mid 8)$. Bestimmen Sie den x-Wert und erläutern Sie Ihr Ergebnis.

$8 = -\frac{2}{3} \cdot x + 20$ $\mid -20$

$-12 = -\frac{2}{3} \cdot x$ $\mid : (-\frac{2}{3})$

$x = 18$ Die Kerze ist nach 18 Minuten 8 cm hoch.

VI Lineare Gleichungsysteme

Lösungsverfahren:

• Einsetzungsverfahren   • Gleichsetzungsverfahren   • Additionsverfahren

1 Lösen Sie das lineare Gleichungssystem mit dem Einsetzungsverfahren.

Machen Sie die Probe.

$y = 2x + 2$	$y = -3x + 7$
$x + y = 3$	$2y - 3x = 0$

$y = 2x + 2$

Einsetzen in $x + y = 3$: $x + 2x + 2 = 3$

$3x + 2 = 3$ $\mid -2$

$3x = 1$ $\mid : 3$

$x = \frac{1}{3}$

Einsetzen in $y = 2x + 2$: $y = 2 \cdot \frac{1}{3} + 2$

$y = \frac{8}{3}$

Lösung: $x = \frac{1}{3}$; $y = \frac{8}{3}$

$y = -3x + 7$ Einsetzen in $2y - 3x = 0$:

$2(-3x + 7) - 3x = 0$

$9x = 14$

$x = \frac{14}{9}$

Einsetzen in $y = -3x + 7$: $y = -3 \cdot \frac{14}{9} + 7$

$y = \frac{7}{3}$

Lösung: $x = \frac{14}{9}$; $y = \frac{7}{3}$

Probe: $\frac{8}{3} = 2 \cdot \frac{1}{3} + 2$ $\quad$ $\frac{8}{3} + \frac{1}{3} = 3$

$\frac{8}{3} = \frac{8}{3}$ wahr $\quad$ $3 = 3$ wahr

Probe: $\frac{7}{3} = -3 \cdot \frac{14}{9} + 7$ $\quad$ $2 \cdot \frac{7}{3} - 3 \cdot \frac{14}{9} = 0$

$\frac{7}{3} = \frac{7}{3}$ wahr $\quad$ $0 = 0$ wahr

2 Lösen Sie das lineare Gleichungssystem mit dem Gleichsetzungsverfahren.

$y = 5x + 2$	$y = 0,5x + 6$
$y = 7x - 4$	$y = -2,5x + 2$

Gleichsetzen: $5x + 2 = 7x - 4$ $\mid -5x$

$2 = 2x - 4$ $\mid +4$

$6 = 2x$ $\mid : 2$

$x = 3$

Einsetzen z. B in $y = 5x + 2$:

$y = 5 \cdot 3 + 2$

$y = 17$

Lösung: $x = 3$; $y = 17$

Gleichsetzen: $0,5x + 6 = -2,5x + 2$

$3x + 6 = 2$

$3x = -4$

$x = -\frac{4}{3}$

Einsetzen z. B in $y = 0,5x + 6$:

$y = \frac{1}{2} \cdot (-\frac{4}{3}) + 6 = \frac{16}{3}$

Lösung: $x = -\frac{4}{3}$; $y = \frac{16}{3}$

---

3 Lösen Sie das lineare Gleichungssystem mit dem Additionsverfahren.

$-2x + y = 5$	$x + 3y = 8$
$x - y = 3$	$2x - y = 2$

$-2x + y = 5$

$\underline{x - y = 3}$

Addition ergibt: $-x = 8$

$x = -8$

Einsetzen z. B in $x - y = 3$:

$-8 - y = 3$

$-y = 11$

$y = -11$

Lösung: $x = -8$; $y = -11$

$x + 3y = 8$

$2x - y = 2$ $\mid \cdot 3$

$x + 3y = 8$

$\underline{6x - 3y = 6}$

Addition ergibt: $7x = 14$

$x = 2$

Einsetzen z. B in $2x - y = 2$:

$4 - y = 2$

$y = 2$

Lösung: $x = 2$; $y = 2$

4 Lösen Sie das lineare Gleichungssystem. Wählen Sie ein geeignetes Verfahren.

a) $y = -0,5x + 2$ b) $y = \frac{1}{3}x - 4$

$x = 1,2y - 4$ $y = -\frac{1}{2}x + 1$

Gewähltes Verfahren: Gewähltes Verfahren:

Einsetzungsverfahren   Gleichsetzungsverfahren

$x = 1,2y - 4$ Gleichsetzen: $\frac{1}{3}x - 4 = -\frac{1}{2}x + 1$

Einsetzen in $y = -0,5x + 2$. $\frac{1}{3}x = -\frac{1}{2}x + 5$ $\mid \cdot 6$

$y = -0,5(1,2y - 4) + 2$ $2x = -3x + 30$

$y = -0,6y + 2 + 2$ $5x = 30$

$1,6y = 4$ $x = 6$

$y = \frac{4}{1,6} = \frac{10}{4} = \frac{5}{2}$ Einsetzen z. B in $y = -\frac{1}{2}x + 1$:

Einsetzen z. B in $x = 1,2y - 4$: $y = -\frac{1}{2} \cdot 6 + 1$

$x = 1,2 \cdot \frac{5}{2} - 4$ $(= \frac{6}{5} \cdot \frac{5}{2} - 4)$ $y = -2$

$x = -1$

Lösung: $x = -1$; $y = \frac{5}{2}$ Lösung: $x = 6$; $y = -2$

Lösungen
· · · · ·

4 c) $4x - 3y = 5$
$\quad\quad 5x + 3y = 4$

Gewähltes Verfahren:

Additionsverfahren

$\quad\quad\quad 4x - 3y = 5$
$\quad\quad\quad \underline{5x + 3y = 4}$
Addition ergibt $\quad 9x = 9$
$\quad\quad\quad\quad\quad x = 1$

Einsetzen in $4x - 3y = 5$:

$\quad\quad 4 \cdot 1 - 3y = 5$:
$\quad\quad\quad 3y = -1$
$\quad\quad\quad y = -\frac{1}{3}$

Lösung: $x = 1$; $y = -\frac{1}{3}$

d) $4x + y = 1$
$\quad\quad 2x - 3y = -3$

Gewähltes Verfahren:

Additionsverfahren

$\quad\quad\quad 4x + y = 1 \quad | \cdot 3$
$\quad\quad\quad \underline{2x - 3y = -3}$
$\quad\quad\quad 12x + 3y = 3$
$\quad\quad\quad \underline{2x - 3y = -3}$
Addition ergibt: $\quad 14x = 0$
$\quad\quad\quad\quad\quad x = 0$

Einsetzen in $4x + y = 1$: $0 + y = 1$
$\quad\quad\quad\quad\quad y = 1$

Lösung: $x = 0$; $y = 1$

5 Herr Gold bestellt für die Modeschmuckabteilung Armbänder und Halsketten.
Insgesamt sind es 47 Schmuckstücke. Die Armbänder kosten 12 € das Stück, die
Halsketten 18 € je Stück. Die Gesamtkosten betragen 768 €.
Wie viele Armbänder und Halsketten hat Herr Gold bestellt?

Herr Gold bestellt x Armbänder und y Halsketten.
Gleichungen: $\quad x + y = 47$

$\quad\quad\quad 12x + 18y = 768$

Lösung des linearen Gleichungssystems:

durch Einsetzungsverfahren
$y = -x + 47$ eingesetzt in $12x + 18y = 768$
ergibt: $\quad\quad\quad\quad\quad 12x + 18 \cdot (-x + 47) = 768$
$\quad\quad\quad\quad\quad\quad 12x - 18x + 846 = 768$
$\quad\quad\quad\quad\quad\quad -6x + 846 = 768 \quad | -846$
$\quad\quad\quad\quad\quad\quad -6x = -78 \quad | :(-6)$
$\quad\quad\quad\quad\quad\quad x = 13$
Einsetzen in $x + y = 47$: $\quad 13 + y = 47 \quad | -13$
$\quad\quad\quad\quad\quad\quad y = 34$

Lösung: $x = 13$; $y = 34$
Herr Gold bestellt 13 Armbänder und 34 Halsketten.

6 Eine Gerade verläuft durch die Punkte $A(3 \mid -5)$ und $B(1 \mid -2)$.

Jan beginnt die Berechnung wie folgt:
$\quad\quad y = mx + b$
$\quad\quad A(3 \mid -5): -5 = m \cdot 3 + b$
$\quad\quad B(1 \mid -2): -2 = m \cdot 1 + b$

Bestimmen Sie m und b und geben Sie die Geradengleichung an.

Lösung durch Additionsverfahren: $\quad -5 = m \cdot 3 + b \quad | \cdot (-1)$
$\quad\quad\quad\quad\quad\quad \underline{-2 = m \cdot 1 + b}$
$\quad\quad\quad\quad\quad\quad 5 = -m \cdot 3 - b$
$\quad\quad\quad\quad\quad\quad \underline{-2 = m \cdot 1 + b}$
Addition ergibt: $\quad\quad 3 = -2m \quad$ und damit $\quad m = -\frac{3}{2}$

Einsetzen in $-2 = m \cdot 1 + b$: $\quad -2 = -\frac{3}{2} + b \quad$ ergibt $b = -\frac{1}{2}$

Geradengleichung: $y = -\frac{3}{2}x - \frac{1}{2}$

7 Der Kindergarten Sonnenblume verbraucht pro Jahr 12000 kWh Strom sowie
320 m³ Wasser und zahlt hierfür 5000 €.
Der Kindergarten Weizenkorn verbraucht pro Jahr 18000 kWh Strom sowie
440 m³ Wasser und zahlt hierfür 7250 €.

a) Wie hoch sind die Stromkosten pro kWh und die Kosten pro m³ Wasser?

Festlegung der Variablen: x: Stromkosten pro kWh in € $\quad$ y: Kosten pro m³ Wasser in €

Lineares Gleichungssystem: $\quad\quad 12000x + 320y = 5000$
$\quad\quad\quad\quad\quad\quad 18000x + 440y = 7250$

Auflösung durch Additionsverfahren: $\quad$ (Hinweis: $12000x \cdot 1{,}5 = 18000x$)
$\quad\quad\quad\quad\quad 12000x + 320y = 5000 \quad | \cdot (-1{,}5)$
$\quad\quad\quad\quad\quad \underline{18000x + 440y = 7250}$
$\quad\quad\quad\quad\quad -18000x - 480y = -7500$
$\quad\quad\quad\quad\quad \underline{18000x + 440y = 7250}$
Addition ergibt $\quad\quad -40y = -250$
$\quad\quad\quad\quad\quad\quad y = 6{,}25$

Einsetzen in $12000x + 320y = 5000$: $12000x + 320 \cdot 6{,}25 = 5000$:
$\quad\quad\quad\quad\quad\quad x = 0{,}25$

Lösung: $x = 0{,}25$; $y = 6{,}25$
Die Stromkosten pro kWh betragen 0,25 €, die Kosten pro m³ Wasser 6,25 €.

b) Welchen Anteil der Gesamtkosten bilden beim Kindergarten Sonnenblume die
Wasserkosten?

Gesamtkosten: 5000 € $\quad$ Wasserkosten: $320 \cdot 6{,}25$ € = 2000 €

Anteil in Prozent: $\frac{2000}{5000} = \frac{2}{5} = 40$ %

VII Parabeln

1 Abbildungen der Normalparabel

Streckung in y-Richtung und Spiegelung an der x-Achse

Die Parabel p: $y = a \cdot x^2$ ist für $a > 0$ nach oben und für $a < 0$ nach unten geöffnet,
für $a > 1$ enger und für $0 < a < 1$ weiter als die Normalparabel.

1 Füllen Sie die Wertetabelle aus und zeichnen Sie die Parabel ein.

x	-1,5	-1	0	0,5	1	1,5
$y = -2x^2$	-4,5	-2	0	-0,5	-2	-4,5

x	-3	-2	-1	0	1	2
$y = 0,5x^2$	4,5	2	0,5	0	0,5	2

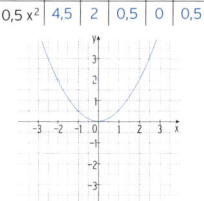

2 Ordnen Sie zu, indem Sie die Parabeln beschriften.
A: $y = 0,5x^2$ B: $y = 3x^2$ C: $y = -1,5x^2$
A: $y = x^2$ B: $y = \frac{1}{3}x^2$ C: $y = \frac{5}{3}x^2$

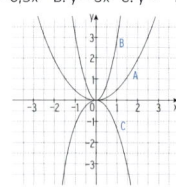

3 Geben Sie die Gleichungen der Parabeln an.
A: $y = 1,5x^2$ $\quad$ B: $y = -2x^2$
A: $y = 0,5x^2$ $\quad$ B: $y = -x^2$

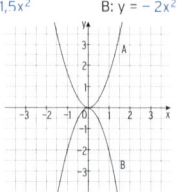

4 Kreuzen Sie an, welche der Punkte auf der Parabel liegen.

$y = -2x^2$
☐ $P_1(2 \mid -10)$
☒ $P_2(2 \mid -8)$
☐ $P_3(-2 \mid 8)$

$y = \frac{2}{3}x^2$
☐ $P_1(1 \mid -\frac{5}{3})$
☐ $P_2(0 \mid \frac{2}{3})$
☒ $P_3(-3 \mid 6)$

5 Gegeben ist die Parabel p: $y = ax^2$

a) Der Faktor a hat Einfluss auf die Form und Öffnung der Parabel.
Beschreiben Sie, wie sich Form und Öffnung gegenüber der Normalparabel ändern,
wenn a folgende Bedingungen erfüllt:

$a > 1$: Die Parabel ist nach oben geöffnet und schmaler als die Normalparabel.

$-1 < a < 0$: Die Parabel ist nach unten geöffnet und breiter als die Normalparabel.

$a < -1$: Die Parabel ist nach unten geöffnet und schmaler als die Normalparabel.

b) Die folgende Tabelle gehört zu einer Parabel
mit der Gleichung $y = ax^2$.

x	-0,4	0	0,4
y	0,2	0	0,2

Bestimmen Sie den zugehörigen Wert von a.

Berechnung von a mithilfe einer Punktprobe. Z. B. mit P(0,4 | 0,2):

$0{,}2 = a \cdot 0{,}4^2 \quad | : 0{,}4^2$
$1{,}25 = a$

6

x	-2	-1	0	1	2
y	-1	$-\frac{1}{4}$	0	$-\frac{1}{4}$	-1

Gegeben ist eine Wertetabelle. Sie gehört zu einer Parabel p.

Woran können Sie ohne Rechnung erkennen, dass diese Zuordnung stimmt?

Die Wertetabelle gehört zu einer Parabel p, da die y-Werte doppelt auftauchen,
einmal für x negativ und einmal für x positiv. Der Scheitel liegt im Ursprung.

Bestimmen Sie die Gleichung der Parabel.

Ansatz $y = ax^2$ $\quad$ Punktprobe mit $(2 \mid -1)$: $\quad -1 = a \cdot 2^2 = 4a$
$\quad\quad\quad\quad\quad\quad a = -\frac{1}{4}$

Parabelgleichung: $y = -\frac{1}{4}x^2$

Streckung und Verschiebung in y-Richtung

Die Parabel p: $y = a \cdot x^2 + c$ hat den Scheitel $S(0 \mid c)$.

Für $c > 0$ wird die Parabel mit $y = ax^2$ nach oben verschoben,

für $c < 0$ wird die Parabel mit $y = ax^2$ nach unten verschoben.

1 Füllen Sie die Wertetabelle aus und zeichnen Sie die Parabel ein.

x	−2	−1	0	1	2	3
$y = x^2 - 3$	1	−2	−3	−2	1	6

x	−2	−1	0	1	2	3
$y = -0{,}5x^2 + 2$	0	1,5	2	1,5	0	−2,5

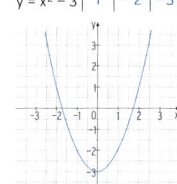 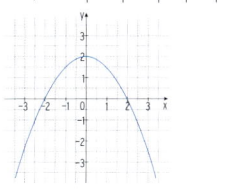

2 Ordnen Sie zu, indem Sie die Parabeln beschriften.

A: $y = 2x^2 - 2$ B: $y = 3x^2 - 1$

C: $y = \frac{1}{2}x^2 - 2$

A: $y = 2 - 2x^2$ B: $y = \frac{1}{3}x^2 + 2$

C: $y = -2x^2 - 1$

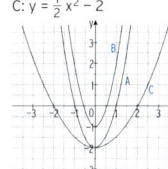 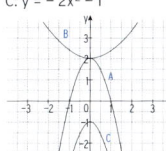

3 Geben Sie die Gleichungen der Parabeln an.

A: $y = -3x^2 + 3$

B: $y = 1{,}5x^2 - 2$

A: $y = -4x^2 + 2$

B: $y = \frac{1}{4}x^2 - \frac{3}{2}$

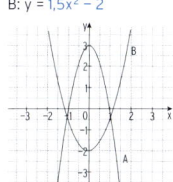 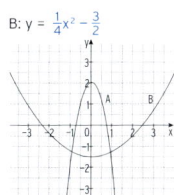

91

4 Kreuzen Sie an, welche der Punkte auf der Parabel liegen.

$y = -2x^2 + 1$ ☐ $P_1(2 \mid -9)$ $y = \frac{1}{3}x^2 - 2$ ☒ $P_1(1 \mid -\frac{5}{3})$

      ☒ $P_2(2 \mid -7)$ ☐ $P_2(0 \mid \frac{2}{3})$

      ☐ $P_3(-2 \mid 9)$ ☒ $P_3(-3 \mid 1)$

5 Eine Parabel p: $y = a \cdot x^2 + c$ mit dem Scheitelpunkt S verläuft durch den Punkt P.

Bestimmen Sie a und c und geben Sie die Parabelgleichung an.

$S(0 \mid -3)$; $P(2 \mid 6)$	$S(0 \mid 4)$; $P(-1 \mid -3)$	$S(0 \mid \frac{1}{2})$; $P(2 \mid \frac{5}{2})$
$S(0 \mid -3)$: $c = -3$	$S(0 \mid 4)$: $c = 4$	$S(0 \mid \frac{1}{2})$: $c = \frac{1}{2}$
$y = a \cdot x^2 - 3$		
Einsetzen: $6 = a \cdot 2^2 - 3$	$-3 = a \cdot (-1)^2 + 4$	$\frac{5}{2} = a \cdot 2^2 + \frac{1}{2}$
$a = \frac{9}{4}$	$a = -7$	$a = \frac{1}{2}$
$y = \frac{9}{4} \cdot x^2 - 3$	$y = -7 \cdot x^2 + 4$	$y = \frac{1}{2} \cdot x^2 + \frac{1}{2}$

6 Die Parabel p: $y = ax^2 + c$ verläuft durch die Punkte P und Q.

Bestimmen Sie ihre Gleichung.

a) $P(1 \mid 5)$; $Q(2 \mid -1)$

Einsetzen in $y = ax^2 + c$:

$P(1 \mid 5)$: $5 = a \cdot 1 + c$

$Q(2 \mid -1)$: $-1 = a \cdot 4 + c$ $| \cdot (-1)$

Addition: $6 = -3a$

          $a = -2$

Einsetzen: $5 = -2 + c$

          $c = 7$

$y = -2x^2 + 7$

b) $P(-1 \mid 4)$; $Q(3 \mid 12)$

$P(-1 \mid 4)$: $4 = a \cdot (-1)^2 + c$

          $4 = a + c$ $| \cdot (-1)$

$Q(3 \mid 12)$: $12 = 9a + c$

        $-4 = -a - c$

        $12 = 9a + c$

Addition: $8 = 8a$

          $a = 1$

Einsetzen: $4 = 1 + c$, also $c = 3$

$y = x^2 + 3$

c) $P(0{,}5 \mid 2)$; $Q(1{,}5 \mid 6)$

$P(0{,}5 \mid 2)$: $2 = a \cdot 0{,}5^2 + c = \frac{1}{4}a + c$

$Q(1{,}5 \mid 6)$: $6 = 2{,}25a + c$

       $-2 = -\frac{1}{4}a - c$

       $6 = 2{,}25a + c$

Addition: $4 = 2a$

         $a = 2$

Einsetzen: $2 = \frac{1}{4} \cdot 2 + c$

         $c = 1{,}5$

$y = 2x^2 + 1{,}5$

d) $P(-0{,}4 \mid 2)$; $Q(-1 \mid 4{,}1)$

$P(-0{,}4 \mid 2)$: $2 = a \cdot (-0{,}4)^2 + c = \frac{4}{25}a + c$

$Q(-1 \mid 4{,}1)$: $4{,}1 = a + c$ $| \cdot (-1)$

        $2 = \frac{4}{25}a + c$

      $-4{,}1 = -a - c$

Addition: $-2{,}1 = -\frac{21}{25}a$ $| \cdot 25$ $| : (-21)$

          $a = 2{,}5$

Einsetzen: $4{,}1 = 2{,}5 + c$

          $c = 1{,}6$

$y = 2{,}5x^2 + 1{,}6$

92

Verschiebung in x- und y-Richtung

Die Parabel p: $y = (x - d)^2 + e$ hat den Scheitel $S(d \mid e)$.

Die Normalparabel wird verschoben

für $d > 0$ nach rechts; für $d < 0$ nach links,

für $e > 0$ nach oben; für $e < 0$ nach unten.

1 Füllen Sie die Wertetabelle aus und zeichnen Sie die Parabel ein.

x	−2	−1	0	1	2	3
$y = (x-1)^2 - 2$	7	2	−1	−2	−1	2

x	−4	−3	−2	−1	0	1
$y = (x+2)^2 + 1$	5	2	1	2	5	10

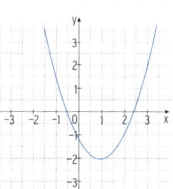 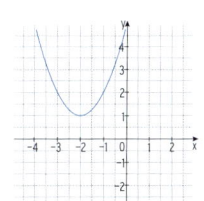

2 Ordnen Sie jeder Parabelgleichung den zugehörigen Scheitelpunkt zu.

a) $y = (x + \frac{3}{2})^2$ b) $S(-2 \mid -1)$

b) $y = (x + 2)^2 - 1$ d) $S(0 \mid 4)$

c) $y = (x + \frac{1}{2})^2 - 2{,}5$ a) $S(-1{,}5 \mid 0)$

d) $y = x^2 + 4$ c) $S(-\frac{1}{2} \mid -\frac{5}{2})$

3 Ordnen Sie zu, indem Sie die Parabeln beschriften.

A: $y = (x + 2)^2 + 2$ A: $y = (x + 1)^2 - \frac{1}{2}$

B: $y = (x - 2)^2 + 2$ B: $y = x^2 - 2$

C: $y = (x - 2)^2 - 2$ C: $y = (x + 1)^2 - 2$

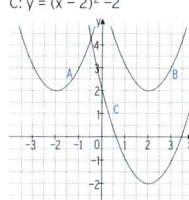 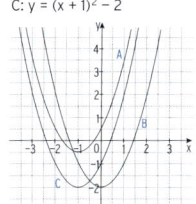

93

4 Geben Sie die Gleichungen der Parabeln an.

A: $y = (x + 1)^2 + 1{,}5$ A: $y = x^2 + 2$

B: $y = (x - 1{,}5)^2 - 3$ B: $y = (x - 0{,}5)^2 - 1$

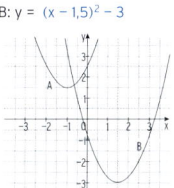

5 Kreuzen Sie an, welche der Punkte auf der Parabel liegen.

$y = (x - 2)^2 + 2$ ☐ $P_1(0 \mid -8)$ $y = (x + 4)^2 - 1$ ☐ $P_1(-3 \mid 1)$

      ☐ $P_2(2 \mid 0)$ ☒ $P_2(-3 \mid 0)$

      ☒ $P_3(-4 \mid 38)$ ☒ $P_3(-4 \mid -1)$

6 Eine Parabel p: $y = (x - 2)^2 + e$ verläuft durch den Punkt P.

Bestimmen Sie e.

$P(4 \mid 6)$; $6 = (4 - 2)^2 + e$	$P(-2 \mid 1)$; $1 = (-2 - 2)^2 + e$	$P(0 \mid 0)$;
$6 = 4 + e$	$1 = 16 + e$	$0 = (0 - 2)^2 + e$
$e = 2$	$e = -15$	$e = -4$
$P(-2 \mid -12)$	$P(-\frac{1}{2} \mid \frac{5}{2})$; $\frac{5}{2} = (-\frac{1}{2} - 2)^2 + e$	$P(\frac{1}{3} \mid \frac{2}{3})$;
$-12 = (-2 - 2)^2 + e$	$\frac{5}{2} = \frac{25}{4} + e$	$\frac{2}{3} = (\frac{1}{3} - 2)^2 + e$
$-12 = 16 + e$	$e = -\frac{15}{4}$	$\frac{2}{3} = \frac{25}{9} + e$
$e = -28$		$e = -\frac{19}{9}$

7 Auf welcher Parabel liegt der Punkt P?

$P(3 \mid 1)$	☐ $y = (x - 2)^2 + 3$	☒ $y = \frac{1}{3}x^2 - 2$	☐ $y = (x + 1)^2 - \frac{1}{2}$
$P(-1 \mid -0{,}5)$	☐ $y = (x - 2)^2 + 3$	☐ $y = \frac{1}{3}x^2 - 2$	☒ $y = (x + 1)^2 - \frac{1}{2}$
$P(4 \mid 7)$	☒ $y = (x - 2)^2 + 3$	☐ $y = \frac{1}{3}x^2 - 2$	☐ $y = (x + 1)^2 - \frac{1}{2}$

94

125

· · · · ·

8 Füllen Sie die Tabelle aus und ordnen Sie jeder Gleichung eines der unteren Schaubilder zu.

Gleichung	Scheitel-punkt	Öffnung nach oben/unten	Form normal/weiter/enger	Abb.
$y = 2 \cdot x^2 + 1$	$(0 \mid 1)$	oben	enger	C
$y = (x - 1)^2 - 1$	$(1 \mid -1)$	oben	normal	D
$y = -x^2 - 2$	$(0 \mid -2)$	unten	normal	A
$y = (x + 1)^2 + 2$	$(-1 \mid 2)$	oben	normal	F
$y = (x + 1)^2 - 1$	$(-1 \mid -1)$	oben	normal	B
$y = -0,5 \cdot x^2 + 2$	$(0 \mid 2)$	unten	breiter	E

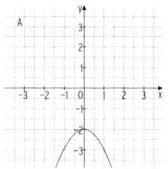 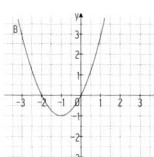 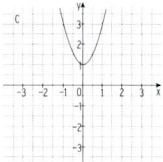

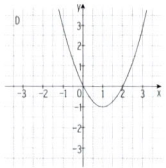 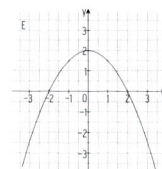 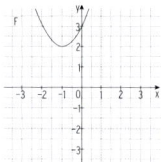

95

9 Wandeln Sie die Scheitelform der Parabelgleichung in die allgemeine Form um.

$y = (x + 1)^2 + 1,5$
$y = x^2 + 2x + 1 + 1,5$
$y = x^2 + 2x + 2,5$

$y = (x + 9)^2 - 11$
$y = x^2 + 18x + 81 - 11$
$y = x^2 + 18x + 70$

$y = (x - \frac{1}{3})^2 + \frac{2}{3}$
$y = x^2 - \frac{2}{3}x + \frac{1}{9} + \frac{2}{3}$
$y = x^2 - \frac{2}{3}x + \frac{7}{9}$

$y = (x - 2)^2 - \frac{7}{2}$
$y = x^2 - 4x + 4 - \frac{7}{2}$
$y = x^2 - 4x + \frac{1}{2}$

10 Wandeln Sie die allgemeine Form der Parabelgleichung in die Scheitelform um.

Ordnen Sie dann jeweils eine der eingezeichneten Parabeln zu.

$y = x^2 - 4x + 3$
x-Wert (Scheitel): $x_s = \frac{-b}{2} = \frac{-(-4)}{2} = \frac{4}{2} = 2$
y-Wert: $y = 2^2 - 4 \cdot 2 = -1$
$S(2 \mid -1): y = (x - 2)^2 - 1$
Parabel: B

$y = x^2 + 6x + 9$
$x_s = \frac{-b}{2} = \frac{-6}{2} = -3$
$y_s = (-3)^2 + 6 \cdot (-3) + 9 = 0$
$S(-3 \mid 0): y = (x + 3)^2$
Parabel: F

$y = x^2 + 2x + 3$
$x_s = \frac{-b}{2} = \frac{-2}{2} = -1$
$y_s = (-1)^2 + 2 \cdot (-1) + 3 = 2$
$S(-1 \mid 2): y = (x + 1)^2 + 2$
Parabel: A

$y = x^2 - 4x + 4$
$x_s = \frac{-b}{2} = \frac{-(-4)}{2} = \frac{4}{2} = 2$
$y_s = 2^2 - 4 \cdot 2 + 4 = 0$
$S(2 \mid 0): y = (x - 2)^2$
Parabel: D

$y = x^2 - x$
$x_s = \frac{-b}{2} = \frac{-(-1)}{2} = \frac{1}{2}$
$y_s = (\frac{1}{2})^2 - \frac{1}{2} = \frac{1}{4} - \frac{1}{2} = -\frac{1}{4}$
$S(\frac{1}{2} \mid -\frac{1}{4}): y = (x - \frac{1}{2})^2 - \frac{1}{4}$
Parabel: C

$y = x^2 - 2$
$S(0 \mid -2): y = (x - 0)^2 - 2$
$y = x^2 - 2$
Parabel: E

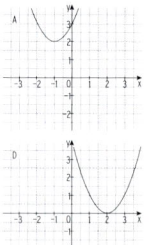 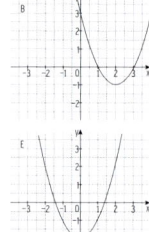 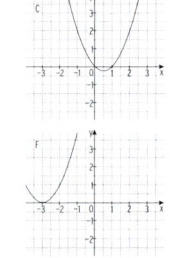

96

2 Schnittpunkte

Schnittpunkte einer Parabel p mit der x-Achse

$y = 0$ führt auf eine quadratische Gleichung.

$D > 0$	$D = 0$	$D < 0$
p schneidet die x-Achse in zwei Punkten.	p berührt die x-Achse.	p schneidet die x-Achse nicht.

1 Bestimmen Sie die gemeinsamen Punkte von Parabel und x-Achse. Ordnen Sie jeder Parabelgleichung jeweils eines der Schaubilder zu.

$p: y = x^2 - 4x + 4$
Ansatz: $y = 0 \quad x^2 - 4x + 4 = 0$
$x_{1|2} = \frac{-b \pm \sqrt{b^2 - 4ac}}{2a}$
$= \frac{4 \pm \sqrt{(-4)^2 - 4 \cdot 1 \cdot 4}}{2 \cdot 1} = \frac{4 \pm 0}{2}$
$x_{1|2} = \frac{4}{2} = 2 \qquad N_{1|2}(2 \mid 0)$
Schaubild: D

$p: y = x^2 - x - 2$
Ansatz: $y = 0 \quad x^2 - x - 2 = 0$
$x_{1|2} = \frac{-(-1) \pm \sqrt{(-1)^2 - 4 \cdot 1 \cdot (-2)}}{2 \cdot 1}$
$= \frac{1 \pm 3}{2}$
$x_1 = \frac{1 - 3}{2} = -1; \quad x_2 = \frac{1 + 3}{2} = 2$
$N_1(-1 \mid 0); N_2(2 \mid 0)$
Schaubild: A

$p: y = (x + 0,5)^2 + 1,5$
Ansatz: $(x + 0,5)^2 + 1,5 = 0$
$x^2 + x + 1,75 = 0$
$x_{1|2} = \frac{-1 \pm \sqrt{1^2 - 4 \cdot 1 \cdot 1,75}}{2 \cdot 1}$
$= \frac{-1 \pm \sqrt{-6}}{2}$
Die Gleichung hat keine Lösung.
Die Parabel hat keine Schnittpunkt mit der x-Achse.
Schaubild: B
Hinweis: $S(-0,5 \mid 1,5)$, p ist nach oben geöffnet, kein SP mit der x-Achse

$p: y = 0,5x^2 - 2$
Ansatz: $0,5x^2 - 2 = 0$
$x^2 = 4$
Lösungen durch Wurzel ziehen
$x_1 = -2; x_2 = 2$
$N_1(-2 \mid 0); N_2(2 \mid 0)$

Schaubild: C

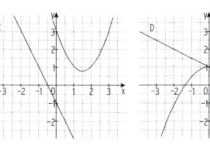 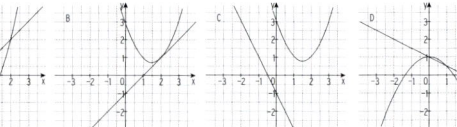

97

Gemeinsame Punkte einer Parabel p und einer Geraden g

Gleichsetzen führt auf eine quadratische Gleichung.

$D > 0$	$D = 0$	$D < 0$
zwei Lösungen	eine Lösung	keine Lösung
p und g schneiden sich in zwei verschiedenen Punkten.	p und g berühren sich. g ist Tangente.	p und g haben keinen gemeinsamen Punkt.

1 Bestimmen Sie die gemeinsamen Punkte von Parabel p und Gerade g.

Ordnen Sie dann jeweils eines der Schaubilder zu.

$p: y = -0,5x^2 + 1; \quad g: y = -0,5x + 1$
Gleichsetzen: $-0,5x^2 + 1 = -0,5x + 1$
$0,5x^2 - 0,5x = 0$
$x^2 - x = 0$
$x_{1|2} = \frac{1 \pm \sqrt{(-1)^2 - 4 \cdot 1 \cdot 0}}{2 \cdot 1} = \frac{1 \pm 1}{2}$
$x_1 = \frac{1 - 1}{2} = 0; \quad x_2 = \frac{1 + 1}{2} = 1$
y-Werte: $y = -0,5 \cdot 0 + 1 = 1$
$y = -0,5 \cdot 1 + 1 = 0,5$
Schnittpunkte: $S_1(0 \mid 1); \quad S_2(1 \mid 0,5)$
Schaubild: D

$p: y = x^2 - 3x + 3 \quad g: y = -2x - 1$
Gleichsetzen: $x^2 - 3x + 3 = -2x - 1$
$x^2 - x + 4 = 0$
$x_{1|2} = \frac{-(-1) \pm \sqrt{(-1)^2 - 4 \cdot 1 \cdot 4}}{2 \cdot 1}$
$= \frac{1 \pm \sqrt{-15}}{2}$
Die Gleichung hat keine Lösung.
Keine Schnittpunkte
Schaubild: C

$p: y = x^2 - 2; g: y = x$
Gleichsetzen: $x^2 - 2 = x$
$x^2 - x - 2 = 0$
$x_{1|2} = \frac{1 \pm \sqrt{(-1)^2 - 4 \cdot 1 \cdot (-2)}}{2 \cdot 1} = \frac{1 \pm 3}{2}$
$x_1 = \frac{1 - 3}{2} = -1; \quad x_2 = \frac{1 + 3}{2} = 2$
y-Werte: $y = -1; y = 2$
Schnittpunkte: $S_1(-1 \mid -1); S_2(2 \mid 2)$

Schaubild: A

$p: y = x^2 - 3x + 3; \quad g: y = x - 1$
Gleichsetzen: $x^2 - 3x + 3 = x - 1$
$x^2 - 4x + 4 = 0$
$x_{1|2} = \frac{-(-4) \pm \sqrt{(-4)^2 - 4 \cdot 1 \cdot 4}}{2 \cdot 1}$
$x_{1|2} = \frac{4 \pm 0}{2}$
$x_{1|2} = \frac{4}{2} = 2$
y-Wert: $y = 2 - 1 = 1$
$S_{1|2}(2 \mid 1)$ Berührpunkt
Schaubild: B

98

Gemeinsame Punkte von zwei Parabeln p_1 und p_2

Gleichsetzen führt (in der Regel) auf eine quadratische Gleichung.

$D > 0$	$D = 0$	$D < 0$
zwei Lösungen p_1 und p_2 schneiden sich in zwei verschiedenen Punkten.	eine Lösung p_1 und p_2 berühren sich.	keine Lösung p_1 und p_2 haben keinen gemeinsamen Punkt.

1 Untersuchen Sie die Parabeln auf gemeinsame Punkte.

Ordnen Sie dann jeweils eines der Schaubilder zu.

p_1: $y = x^2 - 2x - 1$; p_2: $y = -x^2 + 3$

Gleichsetzen: $x^2 - 2x - 1 = -x^2 + 3$

$2x^2 - 2x - 4 = 0$

$x_{1|2} = \dfrac{2 \pm \sqrt{(-2)^2 - 4 \cdot 2 \cdot (-4)}}{2 \cdot 2} = \dfrac{2 \pm 6}{4}$

$x_1 = \dfrac{2 - 6}{4} = -1$; $x_2 = \dfrac{2 + 6}{4} = 2$

y-Werte: $y = -(-1)^2 + 3 = 2$

$y = -2^2 + 3 = -1$

Schnittpunkte: $S_1(-1|2)$; $S_2(2|-1)$

Schaubild: C

p_1: $y = 3x^2 - 2x + 1$; p_2: $y = x^2 + 2x - 1$

Gleichsetzen: $3x^2 - 2x + 1 = x^2 + 2x - 1$

$2x^2 - 4x + 2 = 0$

$x_{1|2} = \dfrac{-(-4) \pm \sqrt{(-4)^2 - 4 \cdot 2 \cdot 2}}{2 \cdot 2} = \dfrac{4 \pm 0}{4}$

$x_{1|2} = \dfrac{4}{4} = 1$

y-Wert: $y = 1^2 + 2 \cdot 1 - 1 = 2$

$S_{1|2}(1|2)$

(Berührpunkt)

Schaubild: B

p_1: $y = 3x^2 - 2x + 1$; p_2: $y = -x^2 - 1$

Gleichsetzen: $3x^2 - 2x + 1 = -x^2 - 1$

$4x^2 - 2x + 2 = 0$

$x_{1|2} = \dfrac{-(-2) \pm \sqrt{(-2)^2 - 4 \cdot 4 \cdot 2}}{2 \cdot 4}$

$= \dfrac{2 \pm \sqrt{-28}}{8}$

Die Gleichung hat keine Lösung.

Keine Schnittpunkte

Schaubild: A

p_1: $y = -x^2 - 1$; p_2: $y = 1{,}5x^2 + 1$

Gleichsetzen: $-x^2 - 1 = 1{,}5x^2 + 1$

$2{,}5x^2 = -2$

Die Gleichung hat keine Lösung,

da $x^2 \geq 0$

Keine Schnittpunkte

Schaubild: D

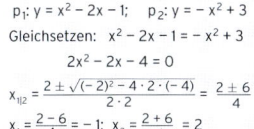
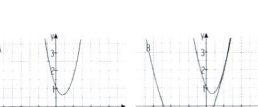
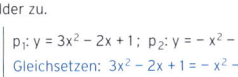
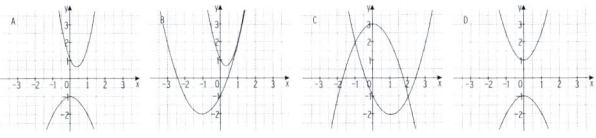

Vermischte Aufgaben

1 Wahr oder falsch?

	w	f
Jede Parabel schneidet die x-Achse.	☐	☒
Jede Parabel schneidet die y-Achse.	☒	☐
Eine Gerade kann eine Parabel nur in deren Scheitelpunkt berühren.	☐	☒
Der Punkt $P(-2|-5)$ liegt auf der Parabel p: $y = -\frac{3}{2}x^2 - 2$.	☐	☒
Die Parabel p: $y = (x + 2)^2 + 3$ ist achsensymmetrisch zur Geraden mit der Gleichung $x = -1$.	☐	☒
Die Parabel p: $y = (x - 4{,}5)^2 - 6$ hat den Scheitelpunkt $S(4{,}5|-6)$.	☒	☐

2 Gegeben ist die abgebildete Parabel p.

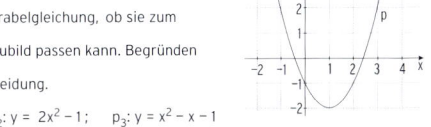

a) Prüfen Sie für jede Parabelgleichung, ob sie zum

nebenstehenden Schaubild passen kann. Begründen

Sie jeweils Ihre Entscheidung.

p_1: $y = (x - 1)^2 - 2$; p_2: $y = 2x^2 - 1$; p_3: $y = x^2 - x - 1$

Eigenschaften der abgebildeten Parabel p: Scheitelpunkt $S(1|-2)$, $S_y(0|-1)$,

p ist eine verschobene Normalparabel.

p_1 ist die richtige Parabel.

p_2 ist die falsche Parabel, da p_2 symmetrisch zur y-Achse verläuft, also $x_S = 0$.

p_3 ist die falsche Parabel, da $S(1|-2)$ nicht auf p_3 liegt: $-2 = 1^2 - 1 - 1$

$-2 = -1$ falsch

b) Geben Sie die Gleichung einer weiteren Parabel an, welche die abgebildete Parabel

nicht schneidet.

Z. B.: Die Parabel p 3 LE nach oben verschieben: $y = (x - 1)^2 - 2 + 3 = (x - 1)^2 + 1$

c) Welchen Wert muss q haben, damit eine Parabel mit der Gleichung $y = x^2 - 6x + q$

durch den Scheitelpunkt der abgebildeten Parabel verläuft?

Punktprobe mit $S(1|-2)$: $-2 = 1^2 - 6 \cdot 1 + q$

$-2 = 1 - 6 + q$

$q = 3$

3 Gegeben ist die Parabel p durch die Gleichung $y = (x - 3)^2 - 1$.

a) Geben Sie den Scheitelpunkt der Parabel an und berechnen Sie die

Koordinaten der Schnittpunkte der Parabel mit den Koordinatenachsen.

Scheitelpunkt $S(3|-1)$

Schnittpunkt der Parabel mit der y-Achse: $S_y(0|8)$

Schnittpunkt der Parabel mit der x-Achse: $(x - 3)^2 - 1 = x^2 - 6x + 8 = 0$

Lösung mit Formel: $x_{1|2} = \dfrac{6 \pm \sqrt{(-6)^2 - 4 \cdot 1 \cdot 8}}{2 \cdot 1} = \dfrac{6 \pm 2}{2}$

$x_1 = 2$; $x_2 = 4$ und damit $N_1(2|0)$; $N_2(4|0)$

b) Prüfen Sie, ob der Punkt $P(-2{,}1|25{,}01)$ auf der Parabel liegt.

Punktprobe: $25{,}01 = (-2{,}1 - 3)^2 - 1$

$25{,}01 = 25{,}01$ (w)   P liegt auf der Parabel.

c) Zeichnen Sie die Parabel

in ein geeignetes Koordinatensystem.

d) Eine zweite Parabel hat den Scheitelpunkt

$S(3|1)$ und geht durch den Ursprung.

Wo liegt der zweite Schnittpunkt mit der x-Achse?

Erste Nullstelle: $x_1 = 0$; zweite Nullstelle $x_2 = 6$ aufgrund der Symmetrie zur

Senkrechten ($x = 3$) durch den Scheitel.

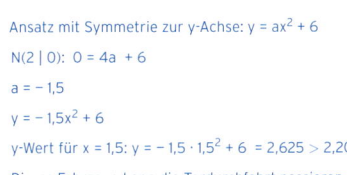

4 Eine Tordurchfahrt hat die Form einer Parabel. Sie ist 6 m hoch und 4 m breit.

Ein Fahrzeug ist 3 m breit und 2,20 m hoch.

Kann dieses Fahrzeug die Tordurchfahrt passieren?

Ansatz mit Symmetrie zur y-Achse: $y = ax^2 + 6$

$N(2|0)$: $0 = 4a + 6$

$a = -1{,}5$

$y = -1{,}5x^2 + 6$

y-Wert für $x = 1{,}5$: $y = -1{,}5 \cdot 1{,}5^2 + 6 = 2{,}625 > 2{,}20$

Dieses Fahrzeug kann die Tordurchfahrt passieren.

Skizze:

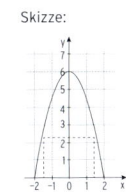

5 Gegeben ist die Parabel p in der Abbildung.

a) Ordnen Sie der Parabel p die richtige

Gleichung zu und begründen Sie Ihre Wahl.

(1) $y = x^2 + 2x + 2$

(2) $y = -0{,}5x^2 - 2$

(3) $y = x^2 - 4x - 2$

(4) $y = x^2 + 2x - 2$

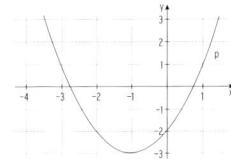

Die Parabel p ist eine verschobene Normalparabel durch den Punkt $A(0|-2)$.

Für $y = ax^2 + bx + c$ ist $a = 1$ und $c = -2$.

• Die Parabel zu (1) schneidet die y-Achse in $B(0|2)$.

• Die Parabel zu (2) ist nach unten geöffnet ($a = -0{,}5 < 0$).

• $T(1|1)$ liegt auf p. $T(1|1)$ liegt nicht auf der Parabel zu (3): $1 = 1^2 - 4 \cdot 1 - 2$

$1 = -5$ falsch.

• Die Parabel zu (4) ist die richtige.

b) Geben Sie die Gleichung der Parabel p in der Scheitelform an.

Scheitelpunkt $S(-1|-3)$

Scheitelform der verschobenen Normalparabel ($a = 1$): $y = (x + 1)^2 - 3$

c) Eine Gerade g schneidet die Parabel p in den Punkten $P(-2|...)$ und $Q(2|...)$.

Bestimmen Sie Gleichung dieser Geraden durch Rechnung.

Gerade durch die zwei Punkte $P(-2|-2)$ und $Q(2|6)$

Hinweis: $y_P = (-2)^2 + 2 \cdot (-2) - 2 = -2$; $y_Q = 2^2 + 2 \cdot 2 - 2 = 6$

Steigung: $m = \dfrac{y_2 - y_1}{x_2 - x_1}$ $m = \dfrac{6 - (-2)}{2 - (-2)} = \dfrac{8}{4} = 2$ Zeichnung (nicht verlangt)

Geradengleichung: $y = mx + b$

Mit $m = 2$: $y = 2x + b$

Punktprobe mit $Q(2|6)$: $6 = 2 \cdot 2 + b$

$2 = b$

Gleichung dieser Geraden g: $y = 2x + 2$

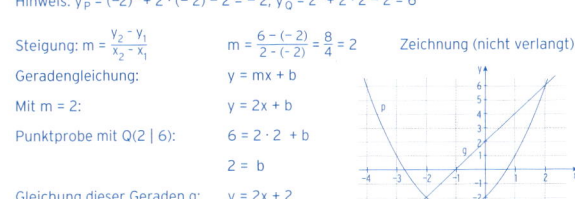